この本の特色としくみ

本書は, 中学1年のすべての内容を3段階のレベルに分けた, ハイレベルな問〔……〕準問題)とStepB(応用問題)の順になっていて, 章末にはStepC(難関レベル〔……〕は「総合実力テスト」を設けているため, 総合的な実力を確かめることができます。

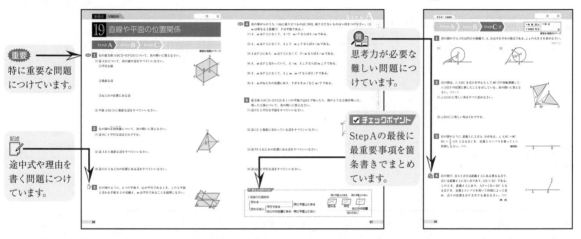

重要 → 特に重要な問題につけています。

記述 → 途中式や理由を書く問題につけています。

難 → 思考力が必要な難しい問題につけています。

✓ チェックポイント → StepAの最後に最重要事項を箇条書きでまとめています。

💻 本書に関する最新情報は, 小社ホームページにある**本書の「サポート情報」**をご覧ください。(開設していない場合もございます。)
なお, この本の内容についての責任は小社にあり, 内容に関するご質問は直接小社におよせください。

1 正 負 の 数

Step A 〉 Step B 〉 Step C 〉

解答▶別冊1ページ

1 次の数を，正の符号，負の符号をつけて表しなさい。

(1) 0 より 7 小さい数　　　(2) 0 より 4.3 小さい数　　　(3) 0 より $3\frac{1}{5}$ 大きい数

2 次の問いに答えなさい。

(1) 次の数に対応する点を上の数直線上に表しなさい。

A…+3　　B…−2　　C…−3.5　　D…$4\frac{3}{4}$

(2) 上の数直線で，E，F，G の表す数を，整数か分数で書きなさい。

重要 **3** 次の問いに答えなさい。

(1) 500 円の収入を +500 円と表すとき，700 円の支出はどう表されますか。

(2) 正午を基準にして午後 3 時を +3 時と表すとき，同じ日の午前 7 時はどのように表されますか。

(3) 次のことを，負の数を使わずに表しなさい。

① −5kg の増加　　　　　　　　② −9 年前

4 次の数について，下の問いに答えなさい。

$$-8, \ 2.5, \ +7, \ -6.8, \ 0, \ 5, \ -2\frac{2}{5}, \ +\frac{4}{3}$$

(1) 負の数をすべて書きなさい。　　　　　　　　(2) 整数をすべて書きなさい。

重要 (3) 自然数をすべて書きなさい。　　　　　　　　(4) 大きい数から順に並びかえなさい。

5 次の問いに答えなさい。

(1) 次の数の絶対値を書きなさい。

　① -4　　　　　　　② $+3.5$　　　　　　　③ $-\dfrac{1}{4}$

重要 (2) 絶対値が 3 以下の整数を，すべて書きなさい。

重要 (3) -4.8 と $+2.3$ の間にある整数を，すべて書きなさい。

6 次の数の大小を調べ，不等号を使って表しなさい。

(1) $-3, \ -5$　　　　(2) $-2, \ +1$　　　　(3) $-0.02, \ -0.2$　　　　(4) $-\dfrac{4}{5}, \ -0.78$

(5) $-\dfrac{1}{4}, \ -\dfrac{1}{5}, \ -\dfrac{1}{3}$　　　　　　　(6) $-3.25, \ -\dfrac{10}{3}, \ -4$

☑チェックポイント

① **数直線**

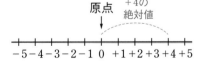

原点　　+4の絶対値

$$-5 \ -4 \ -3 \ -2 \ -1 \ 0 \ +1 \ +2 \ +3 \ +4 \ +5$$

数直線上で，0 からその数までの距離を絶対値という。

② **性質が反対の量**…たがいに反対の性質をもつ量を，一方を正の数，他方を負の数で表すことがある。　例 +50 円の利益＝-50 円の損失

（反対の性質をもつ量）

③ **数の大小**…数の大小は，不等号＞，＜を用いて表すことができる。正の数＞0＞負の数。

正の数は絶対値が大きいほど大きく，負の数は絶対値が大きいほど小さい。

2 正負の数の加減・乗除

Step A ▷ Step B ▷ Step C ▷

解答▶別冊1ページ

1 次の計算をしなさい。

重要 (1) $(-7)+(-3)$　　　　(2) $(-12)+(+4)$　　　　(3) $(+9)+(-6)$

(4) $(+0.3)+(+0.8)$　　　(5) $(-2.5)+(-4.6)$　　　重要 (6) $\left(-\dfrac{1}{4}\right)+\left(+\dfrac{5}{6}\right)$

2 次の計算をしなさい。

(1) $(+4)-(+2)$　　　　(2) $(-3)-(-5)$　　　　重要 (3) $0-(+5)$

(4) $(-1.2)-(-0.8)$　　重要 (5) $\left(+\dfrac{2}{5}\right)-\left(-\dfrac{4}{5}\right)$　　　(6) $\left(-\dfrac{1}{3}\right)-\left(+\dfrac{1}{9}\right)$

3 次の計算をしなさい。

(1) $(-9)-(+6)+(-2)$　　　　　　(2) $(-9)-(-8)+(+12)$

(3) $(-7)-(+2)-(-6)+(+9)$　　　重要 (4) $4+(-3)-6-(-7)+1$

4 次の計算をしなさい。

(1) $(+8)\times(-2)$　　　　(2) $(-9)\times(+3)$　　　　(3) $(-4)\times(-8)$

(4) $\left(-\dfrac{6}{7}\right)\times\left(+\dfrac{1}{6}\right)$　　(5) $\left(-\dfrac{2}{3}\right)\times\left(-\dfrac{3}{4}\right)$　　重要 (6) $(-0.6)\times(+0.7)$

5 次の計算をしなさい。

(1) $(-6) \times (+4) \times (-3)$

(2) $(-9) \times (-2) \times (-7)$

6 次の計算をしなさい。

(1) $(-3)^2$

(2) -3^2

(3) $(-5)^3$

重要 (4) $-\left(-\dfrac{2}{3}\right)^3$

7 次の計算をしなさい。

(1) $(+9) \div (-3)$

(2) $(-18) \div (-6)$

(3) $\left(+\dfrac{4}{5}\right) \div \left(-\dfrac{8}{5}\right)$

(4) $\dfrac{1}{4} \div \left(-\dfrac{7}{8}\right)$

(5) $(-3.6) \div (+1.2)$

(6) $(-1.5) \div (-0.3)$

8 次の計算をしなさい。

(1) $(+4) \times (+3) \div (-2)$

(2) $24 \div (-8) \times (-3) \div 6$

重要 (3) $(-2^4) \times 4 \div (-8) \div (-1)^3$

(4) $(-2)^3 \times \dfrac{4}{15} \div (-2^2)$

☑ チェックポイント

① **加減の混じった計算**…減法を加法になおして，加法だけの式にする。

② **累乗と指数**…同じ数をいくつかかけ合わせ，4^2，4^3 のような
形に書いたものを，その数の**累乗**といい，右上に小さく書いた
数を**累乗の指数**という。

$4 \times 4 \times 4 = 4^3$ ←指数

③ **逆数**…ある数との積が 1 になる数。 例 $\dfrac{2}{3}$ の逆数は $\dfrac{3}{2}$　2 の逆数は $\dfrac{1}{2}$　-2 の逆数は $-\dfrac{1}{2}$

④ **乗除の混じった計算**…わる数を逆数に変えて，すべて乗法の式にする。

Step A 〉 Step B 〉 Step C

1 次の計算をしなさい。(3点×4)

(1) $(+1.8)+(-2.9)+(+1.5)$

(2) $0.9+(-5.6)+(-4.7)+2.3$

(3) $\left(-\dfrac{5}{6}\right)+\left(-\dfrac{2}{3}\right)+\left(+\dfrac{1}{2}\right)+\left(-\dfrac{1}{6}\right)$

(4) $\dfrac{1}{2}+\left(-\dfrac{1}{3}\right)+\left(-\dfrac{3}{4}\right)+\left(+\dfrac{2}{3}\right)$

2 次の計算をしなさい。(3点×4)

(1) $\dfrac{2}{5}-\left(-\dfrac{3}{5}\right)-\left(+\dfrac{4}{5}\right)$

(2) $\left(-\dfrac{2}{3}\right)-\left(+\dfrac{1}{2}\right)-\left(+\dfrac{1}{3}\right)-\left(-\dfrac{3}{4}\right)$

(3) $4.5-(-0.6)-(+2.8)-(-1.4)$

(4) $(-9.2)-(-3.6)-(+5.3)-(-6.8)$

重要 **3** 次の計算をしなさい。(3点×8)

(1) $(+5)-(-7)-4+9$

(2) $-35+(+16)+7-(-16)$

(3) $-\dfrac{1}{2}-\left(-\dfrac{2}{3}\right)-\dfrac{5}{6}-\left(-\dfrac{1}{3}\right)$

(4) $\dfrac{1}{5}-\left(-\dfrac{1}{2}\right)-\dfrac{1}{3}+\dfrac{1}{4}$

(5) $1.5-5.8-(-8.7)-(+3.6)$

(6) $1.7-4.8+2.5+(-6.7)$

(7) $7-3-8+9-2$

(8) $\dfrac{2}{3}-\dfrac{1}{2}-\dfrac{1}{4}+\dfrac{5}{12}$

4 次の計算をしなさい。(3点×6)

(1) $\left(-\dfrac{5}{8}\right) \times \left(-\dfrac{2}{5}\right) \times \left(-\dfrac{3}{7}\right) \times \left(-\dfrac{7}{9}\right)$

(2) $\left(-\dfrac{9}{16}\right) \times \left(-\dfrac{32}{81}\right) \times \dfrac{5}{28} \times \left(-\dfrac{7}{10}\right)$

(3) $-4^2 \times (-2)^2$

(4) $(-1)^5 \times (-2)^2 \times (-5)^2$

(5) $2^2 \times 2^3$

(6) $(3^2)^3$

5 次の計算をしなさい。(4点×4)

(1) $(-8) \times (-7) \div (-16) \div (-14)$

(2) $9 \div \left(-\dfrac{2}{3}\right) \div \left(-\dfrac{1}{6}\right) \times \dfrac{2}{3}$

(3) $\dfrac{4}{7} \div \dfrac{2}{3} \times \left(-\dfrac{21}{8}\right) \div \dfrac{3}{4}$

(4) $\left(-\dfrac{2}{5}\right) \div \dfrac{4}{5} \div \left(-\dfrac{3}{7}\right) \div \left(-\dfrac{7}{10}\right)$

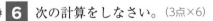

重要 **6** 次の計算をしなさい。(3点×6)

(1) $(-3^2) \div (-2^3) \div (-3)^2$

(2) $(-2)^3 \times (-4^2) \div (-3^3) \div 2^3$

(3) $\left(-\dfrac{2}{3}\right)^3 \div \left(-\dfrac{4}{3}\right)^2 \times \left(-\dfrac{3}{2}\right)$

(4) $\left(-\dfrac{1}{2}\right)^2 \div \dfrac{2}{3} \times \left(-\dfrac{1}{3}\right)^2$

(5) $-0.4 \times \dfrac{3}{2} \div \left(-\dfrac{3}{5}\right) \div (-0.5)$

(6) $\left(-\dfrac{3}{10}\right)^3 \div 0.6^2 \times 10$

3 正負の数の四則計算

StepA ＞ StepB ＞ StepC ＞

解答▶別冊3ページ

1 次の計算をしなさい。

(1) $-9 \times (-3) - 12$

(2) $-6 + 5 \times (-2)$

(3) $-2 - 18 \div (-3)$

(4) $-8 \times (-3) - 9$

(5) $8 - 15 \div (-3)$

(6) $-6 + 9 \times (-8)$

(7) $\dfrac{1}{2} - \left(-\dfrac{1}{3}\right) \times 2$

(8) $-\dfrac{3}{4} \div \left(-\dfrac{2}{3}\right) + \dfrac{1}{2}$

(9) $0.5 \times (-0.4) - 0.8$

2 次の計算をしなさい。

(1) $-3 \times (-7) - 9 \div 3$

(2) $-32 \div (-8) + 4 \times (-6)$

(3) $-36 \div 9 + \{(-6) - 3\} \times (-2)$

(4) $18 \div (-3) - \{(-5) + 2\} \times (-3)$

(5) $\{2 \times (-3) - 6\} \times (-3) - 48$

(6) $(-3) \times (-7) - \{6 - (2 - 5)\}$

(7) $\dfrac{2}{3} + 6 \div \left(-\dfrac{6}{7}\right) \times \dfrac{2}{7}$

(8) $-12 \div \dfrac{4}{3} + \left(-\dfrac{2}{5}\right) \div \left(-\dfrac{4}{5}\right) + \dfrac{1}{2}$

3 次の計算をしなさい。

重要 (1) $48 \times \left(\dfrac{1}{8} + \dfrac{1}{6} \right)$

(2) $\left(-\dfrac{2}{3} + \dfrac{3}{4} \right) \times (-36)$

(3) $7 \times \dfrac{1}{4} + 7 \times \dfrac{3}{4}$

重要 (4) $15.6 \times 3.14 - 5.6 \times 3.14$

4 次の計算をしなさい。

(1) $\{ -6^2 - (-2) \} \times (-3) + (-4)^2$

(2) $(-3)^2 - (-5) \div (-5^2) + 4^2$

(3) $\left(-\dfrac{1}{2} \right)^2 \div \left(-\dfrac{2}{3} \right)^2 + \left(-\dfrac{3}{4} \right) \div \left(\dfrac{1}{4} \right)^2$

(4) $\left\{ \left(-\dfrac{1}{4} \right) - \left(\dfrac{1}{2} \right)^3 \right\} \times 16 + \dfrac{2}{3} \times (-3)^2$

重要 **5** 次のア～エから正しくないものをすべて選び，記号で答えなさい。 〔立命館高一改〕

ア 2つの自然数の和は必ず自然数である。

イ 自然数を自然数でわると，その商は必ず自然数である。

ウ 2つの自然数の差は必ず自然数である。

エ 2つの数の積が正の数であるとき，その2つの数の和は必ず正の数である。

✓ チェックポイント

① **計算の順序**…四則の混じった計算は「累乗・かっこの中→乗除→加減」の順番に計算する。

② **分配法則**…□×(○+△)＝□×○+□×△　　(□+○)×△＝□×△+○×△

③ **数の集合と四則計算**

自然数全体の集まりを，**自然数の集合**という。

数の範囲を，自然数の集合から整数の集合へ，さらに分数の集合へと広げていくことで，それまでできなかった計算ができるようになる。

●時　間 30分	●得　点
●合格点 80点	点

解答▶別冊4ページ

1 次の計算をしなさい。(3点×4)

(1) $(-8) \times (-2) + (-6) \times (-4)$

(2) $6 \times (-2) \div 2 - (-3) \times 6$

(3) $-18 \div 3 + \{(-6) - 8\} \times (-3)$

(4) $28 \div (-7) - \{(-9) + 5\} \div 4$

2 次の計算をしなさい。(4点×6)

(1) $\dfrac{1}{2} - \left(-\dfrac{2}{3}\right) \times \dfrac{9}{2} + \left(-\dfrac{3}{5}\right) \div \dfrac{6}{5}$

(2) $20 - 7 \times \left(-\dfrac{3}{4}\right) \div \dfrac{7}{8} - 8$

(3) $\dfrac{3}{4} \div \left(-\dfrac{3}{8}\right) - \left\{\dfrac{1}{2} - \left(\dfrac{1}{4} - \dfrac{5}{8}\right)\right\}$

(4) $-\dfrac{5}{6} \times \left(-\dfrac{2}{3}\right) \times 18 - \left(-\dfrac{3}{2}\right) \div \dfrac{3}{4} \times 2$

(5) $0.8 \times \left(-\dfrac{1}{2}\right) + \left(-\dfrac{1}{3}\right) \div 0.5 - 0.4$

(6) $\left(0.3 + \dfrac{1}{4}\right) \div \left(-\dfrac{1}{5}\right) - 0.2 \div \left(-\dfrac{1}{2}\right)$

3 次の計算をしなさい。(3点×4)

(1) $9 \times \left(-\dfrac{3}{4}\right) + 9 \times \left(-\dfrac{1}{4}\right)$

重要 (2) $98 \times (-45)$

(3) $\left(\dfrac{1}{4} + \dfrac{2}{3} - \dfrac{5}{8}\right) \div \left(-\dfrac{1}{24}\right)$

(4) $(-48) \times 102$

4 次の計算をしなさい。(4点×4)

(1) $(-2)^3 \times (-3)^2 - (-4)^2 \div (-2)^2$

(2) $(-2)^4 \times 5 - (-6)^2 \div (-3^2)$

(3) $(-5)^2 \times 2 + (-2)^4 \times (-3)^2$

(4) $-8^2 \div (-2)^4 - (-5)^2 \times (-3)$

5 次の計算をしなさい。(4点×6)

(1) $\left(-\dfrac{4}{5}\right)^2 \times \left(-\dfrac{5}{8}\right) - \left(-\dfrac{2}{3}\right)^3 \div \left(-\dfrac{2}{3}\right)$

(2) $\left(-\dfrac{2}{3}\right)^2 \times 18 + \left(-\dfrac{4}{5}\right)^2 \times 50$

(3) $\left(-\dfrac{1}{2}\right)^4 \times 4^2 - 12 \div 2^2$

(4) $\left\{\left(-\dfrac{1}{2}\right)^2 + \left(-\dfrac{2}{3}\right)^3\right\} \times 9 - (-0.5)^2 \times (-1)^3$

(5) $\left\{0.4^2 - \left(-\dfrac{1}{5}\right)^3\right\} \div 1.4 + \left(-\dfrac{1}{2}\right)^2 \times 0.1$

（重要）(6) $0.25^3 \div (-0.5)^2 + \left(\dfrac{3}{4}\right)^2 - (-0.8) \times \left(\dfrac{1}{2}\right)^3$

（重要）**6** 次の(1)～(3)について，正しければ○，正しくなければそれがわかる式を具体的に書きなさい。

(4点×3)

(1)「正の整数 × 負の整数」は必ず負の整数になる。

(2)「負の数 − 負の数」は必ず負の数になる。

(3) □を正の数，○を負の数とすると，「□ ＋ ○＜□ − ○」の関係が成り立つ。

正負の数の利用

Step A 〉 Step B 〉 Step C

解答▶別冊5ページ

1 下の表は，A，B，C，D，Eの5人の生徒のテストの得点について，Aの得点より高いものはその差を正の数で，低いものはその差を負の数で表したものである。次の問いに答えなさい。

A	B	C	D	E
0	+10	-8	+4	-2

(1) DはEより何点高いですか。

(2) 得点が最も高い人と最も低い人との差は何点ですか。

(3) Aの得点が75点のとき，この5人の平均点は何点ですか。

(4)(3)のとき，Fが加わると平均点が76.5点になった。Fの得点は何点ですか。

2 次のそれぞれの表で，たて，横，ななめに並んだ数の和について，どれも等しくなるようにする。空らんにあてはまる数を書きなさい。

(1)

①	7	-4
②	2	③
8	④	⑤

(2)

-15	①	②
③	-11	④
-63	⑤	-7

3 次の数の中から，素数をすべて選びなさい。

1, 2, 12, 9, 11, 3, 4, 25, 23

4 次の数を素因数分解しなさい。

(1) 14　　　　　　　　　(2) 24　　　　　　　　　(3) 60

5 素因数分解を使って，次の数の最大公約数と最小公倍数を求めなさい。

(1) 12, 18　　　　　　　　　(2) 20, 30

(3) 36, 48　　　　　　　　　(4) 6, 15, 24

6 次の問いに答えなさい。

(1) 10 以上 30 以下の範囲の中にある素数をすべて求めなさい。

(2) 面積が 256cm² の正方形の 1 辺の長さを，素因数分解を使って求めなさい。

✓チェックポイント

① **素数**…1 とその数以外の約数がない数。1 は素数とはいわない。

　　例 2, 3, 5, 7, 11, 13, ……

② **素因数分解**

自然数を素数だけの積の形で表すとき，その 1 つ 1 つの数を**素因数**といい，素因数だけの積の形に表すことを**素因数分解**という。

　　例 $10 = 2 \times 5$, $45 = 3^2 \times 5$

③ **最大公約数と最小公倍数**

2 つ以上の数をそれぞれ素因数分解をしたとき，共通する素因数の積は最大公約数，素因数の指数が大きい方に合わせた積は最小公倍数である。

　　例 8 と 28 のとき，$8 = 2^3$　$28 = 2^2 \times 7$

　　最大公約数 $2^2 = 4$　最小公倍数 $2^3 \times 7 = 56$

Step A ＞ Step B ＞ Step C-①

●時 間 35分	●得 点
●合格点 70点	点

解答▶別冊6ページ

1 次の計算をしなさい。(5点×13)

(1) $2 - 3 \times (-2)^2$

(2) $(-3) \times (-2) + (-6) \div 2$　〔茨城〕

重要 (3) $2^2 \times 2^3 \times 2^4$

重要 (4) $3^2 \div 3^7$

(5) $27 \div (-3)^2 + (-2)^3$　〔岩手〕

(6) $-2^2 - 7 \times (-5)$　〔郁文館高〕

(7) $3 \times (-1)^3 - 8 \div (-2^2)$　〔佼成学園女子高〕

(8) $36 \div (-2) \div (-3)^2$　〔玉川学園高〕

(9) $\dfrac{1}{3} + \dfrac{5}{9} \div \left(-\dfrac{2}{3}\right)$　〔山形〕

(10) $-\dfrac{3}{7} \times \dfrac{8}{15} \div \left(-\dfrac{10}{21}\right)$　〔正則高〕

(11) $\dfrac{1}{3} \times (-3^2) \div 5 - (-7) \div 5 \times 4$　〔雲雀丘学園高〕

重要 (12) $\left\{-2^3 + \dfrac{1}{4} - (-1)^2\right\} + 2 \div \dfrac{3}{2}$　〔広島大附高〕

(13) $\left(-\dfrac{3}{2}\right)^2 \div (-4.5) \times \left(\dfrac{5}{12} - \dfrac{5}{8} - \dfrac{1}{6}\right)$　〔駒沢大高〕

2 次の表は図書館での貸し出し冊数を，前日を基準にして，前日より多い冊数を正の数で表したものである。下の問いに答えなさい。(5点×3)

日	1日目	2日目	3日目	4日目	5日目	6日目	7日目
差(冊)		+10	+18	−35	+6	−28	+14

(1) 1日目の貸し出し冊数が75冊のとき，4日目の貸し出し冊数は何冊になりますか。

(2) 貸し出し冊数がもっとも多い日ともっとも少ない日の差は何冊になりますか。

(3) 1日目の貸し出し冊数が48冊のとき，7日間の貸し出し冊数の平均は何冊になりますか。

3 a が正の数を表し，b が負の数を表すとき，次のように表される6つの数を右から大きい順に並べた場合，$a+b$ は右から何番目ですか。(5点) 〔愛知一改〕

a, b, $a+b$, $a-b$, $a-2×b$, $b-a$

重要 **4** 次の問いに答えなさい。(5点×3)

(1) 48にできるだけ小さい自然数をかけて，その答えがある自然数の2乗になるようにしたい。どんな自然数をかければよいですか。

(2) 2^{2018} の一の位の数を求めなさい。 〔江戸川学園取手高〕

記述 (3) 最大公約数が24，最小公倍数が720である2つの3けたの自然数 a, b を求めなさい。ただし，$a>b$ とする。また，求め方も書きなさい。 〔早稲田実業学校高〕

Step **A** 〉 Step **B** 〉 Step **C**-②

●時 間 35分	●得 点
●合格点 70点	点

解答▶別冊6ページ

1 次の計算をしなさい。(6点×9)

(1) $-4^2 \div 8 - (-5)$ 　　　　　〔石 川〕　(2) $(-2)^3 \times 3 + (-4^2)$

(3) $\dfrac{5}{6} + \left(-\dfrac{1}{3}\right)^2 \div \left(-\dfrac{10}{27}\right)$ 　〔東京工業大附属科学技術高〕　(4) $\dfrac{1}{3} - \left(-\dfrac{2}{3}\right)^2 \times \left(-\dfrac{1}{2}\right)^3$ 　〔日本大豊山女子高一改〕

(5) $20 \times \left\{-1.25 + \left(\dfrac{3}{4}\right)^2\right\}$ 　　　　　〔國學院大久我山高〕

重要 (6) $\dfrac{3}{2} + \left\{9 \times \left(-\dfrac{1}{4}\right) - (-3) \times 5\right\} \div \dfrac{3}{2}$ 　　　　　〔桜美林高〕

(7) $\left\{\dfrac{1}{2} \div 0.25 - \left(-\dfrac{3}{4}\right)^2\right\} \times \left(1 - \dfrac{7}{23}\right)$ 　　　　　〔法政大高〕

重要 (8) $\left(-\dfrac{2}{5}\right)^3 \div \left(-\dfrac{3}{7}\right) + \left(\dfrac{2}{5}\right)^3 \times \left(-\dfrac{2}{3}\right)$ 　　　　　〔大阪桐蔭高〕

難 (9) $\left(\dfrac{1}{18} - \dfrac{5}{12}\right)^2 \div \dfrac{13}{6^2} - \left(\dfrac{5}{6}\right)^2$ 　　　　　〔函館ラ・サール高〕

2 次のそれぞれの表で，縦，横，ななめに並んだ数の和について，どれも等しくなるようにする。空らんにあてはまる数を求めなさい。(8点×2)

(1)

−18	①	12
②	14	③
16	④	⑤

(2)

1	①	−10	4
②	−2	−3	③
④	⑤	−5	−3
−11	⑥	2	−10

3 次の問いに答えなさい。(6点×5)

(難)(1) 最大公約数が 31 である 2 つの自然数 m, n があり，$m < n$ とする。$m \times n = 31713$ のとき，m, n の最小公倍数はいくつですか。 〔愛光高一改〕

(重要)(2) p を 2 と異なる素数とするとき，次の問いに答えなさい。 〔中央大附高一改〕
① 64 の正の約数の個数を求めなさい。

② $64 \times p$ の正の約数の個数を求めなさい。

(3) 自然数 n について，1 から n までのすべての自然数の積を，$n!$ で表すことにする。また，$n!$ を素因数分解したときの素数 2 の指数を $\ll n! \gg$ で表す。すなわち，自然数 $n!$ は 2 でちょうど $\ll n! \gg$ 回わり切れる。たとえば，$5! = 1 \times 2 \times 3 \times 4 \times 5 = 2^3 \times 3 \times 5$ であるから，$\ll 5! \gg = 3$ である。次の問いに答えなさい。 〔開成高〕
① $\ll 6! \gg$, $\ll 8! \gg$, $\ll 9! \gg$ をそれぞれ求めなさい。

② $\ll 212! \gg$ を求めなさい。

5 文字式の表し方

Step A　Step B　Step C

解答▶別冊7ページ

1 次の式を，×の記号を省いた式で表しなさい。

(1) $16 \times a$

(2) $(x+y) \times 4$

(3) $a \times 3 - b \times 2$

(4) $-1 \times x \times y$

(5) $x \times a - 2 \times b \times y$

(6) $z \times y \times (-x) \times 5$

(7) $(-3) \times x + (a+b) \times (-5)$

(8) $-6 \times a - (-2) \times b$

重要 (9) $a \times (-6) - 5 \times (-b)$

重要 (10) $(a+b) \times 0.1 + (x+y) \times (-0.01)$

2 次の式を，×の記号を省き，指数を使って表しなさい。

(1) $a \times b \times 7 \times b \times a$

(2) $b \times a \times b \times (-a) \times (-a) \times b$

重要 (3) $y \times (-x) \times x \times (-y) \times y \times (-6)$

(4) $x \times y \times (-y) \times (-x) \times x \times (-2)$

3 次の式を，×の記号を使って表しなさい。

(1) $3x^2y^3$

(2) $a^4b^2 - 2c^3$

(3) $4(x-2y) - 5z^2$

4 次の式を，÷を省いた式で表しなさい。

(1) $3y \div 2$

(2) $x \div y \div z$

(3) $(7x-6) \div 8z$

5 次の式を，×，÷ の記号を省いた式で表しなさい。

(1) $a \div 6 \times 7$

(2) $x \div 5 - 3 \times y$

(3) $a \div b \times c - x \div 2$

(4) $x \times x \div y \div y \div y$

(5) $a \div b \div d \times 2 \div c$

(6) $2 + 3 \times a \div b \div 5$

重要 (7) $(x+2) \div y + y \times (x-3)$

(8) $-2 \times (-a) \times (-b) + a \div (-3) \times b$

6 次の式を，×，÷ の記号を使って表しなさい。

(1) $\dfrac{3b}{4a}$

(2) $\dfrac{2-a}{xy}$

重要 (3) $\dfrac{2x}{3y} - \dfrac{4y}{5b}$

7 次の計算をしなさい。

(1) $-8a \times (-4)$

重要 (2) $0.3 \times (-6x)$

(3) $-21b \times \left(-\dfrac{3}{7}\right)$

(4) $(-16x) \div 4$

(5) $(-5x) \div (-10)$

重要 (6) $\dfrac{9}{10}b \div \left(-\dfrac{3}{5}\right)$

☑チェックポイント

文字式のきまり

① 乗法の記号×を省いて書く。

② 数と文字の式では，数を文字の前に書く。

③ いくつかの文字の積は，ふつうアルファベット順に書く。

④ 同じ文字の積は，累乗の形に書く。

⑤ かっこのある式と数との積は，数をかっこの前に書く。

⑥ 除法の記号÷を使わないで，分数の形に書く。

⑦ 1は省略して，$1 \times a = a$，$(-1) \times a = -a$ と書く。

数量を表す式

Step **A** 〉 Step **B** 〉 Step **C**

解答▶別冊8ページ

1 次の数量を式で表しなさい。ただし，円周率は π を使って表しなさい。

(1) 1冊 a 円のノートを8冊買ったときの代金

(2) 1個130gのボール x 個と750gのバット1本の全体の重さ

(3) 50円切手 a 枚と84円切手 b 枚を買ったときの代金の合計

(4) 国語の得点が a 点，数学の得点が b 点，英語の得点が c 点であるとき，この3教科の得点の平均点

(5) $x\,\mathrm{km}$ の距離を y 時間で歩いたときの時速

(6) 縦が $a\,\mathrm{cm}$，横が $b\,\mathrm{cm}$ の長方形のまわりの長さ

重要 (7) 半径 $r\,\mathrm{cm}$ の円の面積

(8) 縦 $x\,\mathrm{cm}$，横 $y\,\mathrm{cm}$，高さ $z\,\mathrm{cm}$ の直方体の体積

2 次の問いに答えなさい。

(1) a 円で，1 本 b 円の鉛筆を 10 本買ったときのおつりを求めなさい。

(2) 男女合わせて a 人いる。このうち，男性は全体の b 割である。このとき，女性の人数は何人ですか。

(重要) (3) 定価 a 円の品物を 2 割引きで買ったときの代金を求めなさい。

(重要) (4) x km ある道のりのうち，分速 60m で y 分進んだ。残りの道のりは何 km ですか。

(重要) (5) 百の位が p，十の位が q，一の位が r である 3 けたの自然数を表しなさい。

(重要) (6) ある 3 人の平均点が x 点です。y 点の人が加わったら，4 人の平均点は何点になりますか。

(7) 縦が x m，横が y m の長方形の面積は何 a ですか。

☑チェックポイント

① **単位換算**

（長さ）1m = 100cm，1km = 1000m，1cm = 10mm

（面積）$1m^2 = 10000cm^2$，$1a = 100m^2$

（体積・容積）$1L = 10dL = 1000cm^3 = 1000mL = 1000cc$

（重さ）1kg = 1000g，1t = 1000kg，1g = 1000mg

（時間）1 日 = 24 時間，1 時間 = 60 分，1 分 = 60 秒

② **百分率と歩合**

㋐ $a\% = \dfrac{a}{100} = 0.01a$　　㋑ a 割 $= \dfrac{a}{10} = 0.1a$　　㋒ a 分 $= \dfrac{a}{100} = 0.01a$

Step A 〉 Step B 〉 Step C

●時 間 30分　　●得 点
●合格点 80点　　　　　点

解答▶別冊8ページ

1 次の数量を式で表しなさい。ただし，（　）内の単位で表しなさい。(5点×4)

(1) a m と b cm の和（cm）

(2) x 分と y 秒の和（秒）

(3) x kg と y t の和（kg）

(4) a L と b cm³ の和（L）

2 次の数量を式で表しなさい。(5点×7)

(1) 800円の品物に a 割の利益を見込んでつけた定価から，b 円値引きした代金

(2) 食塩が x g で，濃度が4%の食塩水の全体の重さ

重要 (3) a%の食塩水200g と b%の食塩水300g を混ぜてできた食塩水にふくまれる食塩の重さ

(4) 時速 x km で40分進んだときの道のり（単位：km）

(5) a km を分速300m で往復したときにかかる時間の合計（単位：時間）

重要 (6) 3でわると商が x，余りが y になる数

(7) 3個の連続した整数で，最小の数が n のときの最大の数

3 次の問いに答えなさい。(7点×5)

(1) 花子さんと正子さんと和夫さんの3人は，花をもって学校の近くの老人ホームを訪れることにした。そこで，1人 a 円ずつ出し合って花を買ったところ50円余った。花の代金を a を用いた式で表しなさい。ただし，消費税は考えないものとする。 〔大 分〕

(2) a 円で仕入れた品物を b 円で売ったとき，利益の仕入れ値段に対する割合を求めなさい。 〔島 根〕

重要 (3) ある池の周りは，x km あります。池の同じ地点から兄弟が反対方向に進みます。兄は分速 100m，弟は分速 y m で進むとき，二人が出会うのは何分後ですか。

(4) A，B，C の3人の体重の平均は m kg である。B，C の2人の体重の平均は n kg である。A の体重を m と n を用いた式で表しなさい。 〔愛 知〕

重要 (5) 容器に5%の食塩水が100g 入っている。この食塩水を a g 取り出し，かわりに水を a g 入れて混ぜ合わせると，何%の食塩水になりますか。a を用いて表しなさい。 〔石 川〕

4 次の式はそれぞれの図形のどんな数量を表しているか求めなさい。(5点×2)

(1) $\dfrac{ah}{b}$

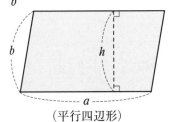

(平行四辺形)

(2) $\pi r + 2r$

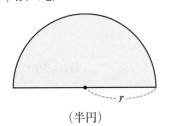

(半円)

7 1次式の計算

Step A 〉 Step B 〉 Step C

解答▶別冊9ページ

1 次の計算をしなさい。

(1) $2x + 5x$

(2) $8x - 3x$

(3) $7x - x$

重要 (4) $\dfrac{a}{3} + \dfrac{4}{3}a$

(5) $\dfrac{b}{2} - \dfrac{3}{4}b$

(6) $\dfrac{x}{2} - \dfrac{2}{7}x$

(7) $\dfrac{y}{5} - \dfrac{2}{3}y$

(8) $-\dfrac{2}{3}a - \dfrac{3}{5}a$

(9) $0.5c + 1.4c$

2 次の計算をしなさい。

(1) $3x + 5 + 6x + 8$

(2) $-2a - 3 - 4a - 5$

重要 (3) $4y - 3 - 8y + 5$

(4) $-5b + 2 - 7b - 8$

3 次の計算をしなさい。

(1) $3(a + 2)$

(2) $-2(x - 3)$

重要 (3) $(-2a + 4) \times (-4)$

(4) $(4b - 6) \times 0.4$

(5) $\dfrac{1}{3}(6a - 9)$

(6) $-\dfrac{3}{4}(-12b + 4)$

4 次の計算をしなさい。

(1) $(4a+6)\div 2$

(2) $(6x-9)\div(-3)$

(3) $(-10b-20)\div(-5)$

(4) $\left(\dfrac{4}{5}p+2\right)\div(-2)$

重要 (5) $(-15x+6)\div\left(-\dfrac{3}{5}\right)$

(6) $\left(\dfrac{4}{9}b-\dfrac{1}{6}\right)\div\left(-\dfrac{2}{3}\right)$

5 次の計算をしなさい。

重要 (1) $(5x-2)+(2x+3)$

(2) $(a-8)+(2-3a)$

重要 (3) $(3y-4)-(2-6y)$

(4) $(6b-5)-(8b-3)$

6 次の計算をしなさい。

(1) $2(a+4)+3(a-5)$

(2) $3(2y-5)-4(3y-2)$

重要 (3) $\dfrac{1}{2}(6x-2)-\dfrac{2}{3}(-9x-3)$

(4) $\dfrac{1}{3}(a-1)-\dfrac{2}{3}(a+1)$

(5) $\dfrac{2a-5}{3}\times 6$

(6) $(-20)\times\dfrac{4x+3}{5}$

(7) $\dfrac{6x-12}{6}$

☑ チェックポイント

① **1次式**…$3x$ や $4a-5$ のように，1次の項だけか，1次の項と数の項の和で表すことができる式。

② **1次式の計算**

・式を簡単にする…同じ文字をふくむ項は，分配法則の逆を使って，1つの項にまとめる。

・数と1次式の乗除…分配法則を使って，式のかっこをはずす。

・1次式の加減…式のかっこをはずし，簡単にする。

●時 間 30分　●得 点
●合格点 80点　　　点

解答▶別冊10ページ

1 次の計算をしなさい。(3点×10)

(1) $2x+5+7x+4$

(2) $-3a-4+a-5$

(3) $-4b-2+6b-3$

(4) $-3y+15-6y-12$

重要 (5) $5x-3-(8x+5)$

(6) $-3y+2-(9y-8)$

(7) $-\dfrac{1}{2}p+\dfrac{1}{4}-\dfrac{2}{3}p+\dfrac{1}{2}$

(8) $0.4a+0.02-0.2-0.14a$

(9) $\dfrac{1}{4}x-0.2-\left(-0.5x-\dfrac{2}{5}\right)$

(10) $-0.12y+\dfrac{1}{3}-\left(\dfrac{3}{20}y-0.36\right)$

2 次の計算をしなさい。(2点×8)

(1) $3(2x+5)$

(2) $0.3(x-4)$

(3) $-\dfrac{1}{3}(6b-9)$

(4) $\left(\dfrac{3}{4}a+2\right)\times\dfrac{5}{8}$

(5) $(9y-6)\div3$

(6) $(4x-2)\div0.2$

重要 (7) $(12x+9)\div\dfrac{3}{4}$

(8) $\left(\dfrac{1}{2}y-\dfrac{2}{3}\right)\div\left(-\dfrac{5}{6}\right)$

3 次の計算をしなさい。(3点×8)

(1) $2(3x+4)-3(-x+2)$

重要 (2) $4(x-2)+(-x+3)$

(3) $2(x-3)-3(x-2)$

(4) $6a-5-4(a+1)$

(5) $5x+3-2(x-1)$ 〔新潟〕

(6) $3(2x+5)-2(4-x)$ 〔富山〕

(7) $3(x+1)+4(x-6)+2(2x+4)$

(8) $(4x+3)-2(2x-5)-5(x+2)$

4 次の計算をしなさい。(3点×10)

(1) $\dfrac{5x-3}{6}-\dfrac{2x+1}{3}$ 〔神奈川〕

(2) $\dfrac{2a+1}{3}-\dfrac{a-2}{5}$

重要 (3) $\dfrac{1}{3}(x-6)-\dfrac{1}{2}(x-4)$ 〔山梨〕

(4) $\dfrac{x-1}{2}+\dfrac{2x+3}{5}$

(5) $\dfrac{x+3}{6}-\dfrac{x+5}{10}$

(6) $\dfrac{3a-1}{3}-\dfrac{3a-2}{4}$

重要 (7) $\dfrac{1}{2}a-1+\dfrac{a+2}{3}$

(8) $\dfrac{3x+1}{4}-\dfrac{x-1}{3}$

(9) $\dfrac{4x+1}{2}+\dfrac{x-3}{3}+\dfrac{2x-1}{4}$

(10) $\dfrac{x+1}{2}-\dfrac{2x+3}{4}-\dfrac{4x-5}{6}$

文字式の利用

Step A 〉 Step B 〉 Step C

解答▶別冊11ページ

1 $x=3$ のとき，次の式の値を求めなさい。

(1) $3x$

(2) $4x+5$

(3) $5-\dfrac{1}{3}x$

(4) x^2

(5) x^3+1

(6) $\dfrac{3x-3}{2}$

2 $a=-2$ のとき，次の式の値を求めなさい。

(1) $-a$

(2) $3a-4$

(3) $\dfrac{a}{6}-2$

(4) $-a^2$

重要 (5) $8-a^3$

(6) $\dfrac{2a+1}{3}$

3 次の数量の関係を等式で表しなさい。

(1) x を 3 倍して 4 ひいた数は，y に 4 をたして 2 倍した数と等しい。

(2) $a\%$ の食塩水 200g の中には b g の食塩がふくまれている。

(3) A 地から，時速 35km のバスに x 時間乗り，さらに時速 4km で 30 分歩いて，B 地に着いた。AB 間の距離が y km である。

4 次の数量の大小関係を不等式で表しなさい。

(1) x の 3 倍と y の 2 倍の和は 5 未満である。

(2) a m のひもから b m のひもを 3 本切り取ると，残りのひもは 4 m より長くなる。

(3) 1 本 a 円の鉛筆を 2 ダースと，1 個 100 円の消しゴムを 1 個買ったときの代金は b 円以下である。

(4) 国語の得点が 75 点で，数学の得点は国語より 5 点高く，英語の得点は数学より a 点低かった。この 3 教科の得点の平均点は b 点より低かった。

重要 **5** 右の図は自然数を 8 列に並べていったものである。次の問いに答えよ。

(1) 8 列目の a 行目の数を a を使って表しなさい。

	1列目	2列目	3列目	4列目	5列目	6列目	7列目	8列目
1行目	1	2	3	4	5	6	7	8
2行目	9	10	11	12	13	14	15	16
3行目	17	18	19	20	21	22	23	24
4行目	25	26	・	・	・	・	・	・
5行目	・	・	・	・	・	・	・	・

(2) 右の図の□で囲んだ 4 つの数の和を求めなさい。

(3) (2) のように□で囲んだ 4 つの数のうち，最小の数を n とする。□で囲んだ 4 つの数の和を，n を使って表しなさい。

☑ チェックポイント

① 式の値
　式の中の文字を数におきかえることを，文字にその数を**代入する**といい，代入して計算した結果を**式の値**という。

② **不等式**…数量の大小関係を不等号を使って表した式。
　・a は b より大きい…$a > b$
　・a は b より小さい（a は b 未満）…$a < b$
　・a は b 以上…$a \geqq b$　　・a は b 以下…$a \leqq b$

Step **A** 〉 Step **B** 〉 Step **C**

●時 間 30分	●得 点
●合格点 80点	点

解答▶別冊12ページ

1 $x = -4$ のとき，次の式の値を求めなさい。(4点×6)

(1) $2x - 1$

(2) $2 - 4x$

(3) $x^2 + 4$

(4) $x^3 - 2$

重要 (5) $\dfrac{1}{x} + \dfrac{4}{3}$

(6) $\dfrac{3}{x^2 - 4}$

2 $a = \dfrac{3}{2}$ のとき，次の式の値を求めなさい。(4点×6)

(1) $4a$

(2) $2a + 3$

重要 (3) $\dfrac{1}{a}$

重要 (4) $\dfrac{2}{3a}$

(5) $\dfrac{6}{5}a^2$

(6) $2 + \dfrac{1}{a^2}$

3 縦 a cm，横 b cm，高さ h cm の直方体について，次の問いに答えなさい。(4点×3)

(1) 直方体の体積 V cm³ を表す式をつくりなさい。

(2) すべての面の面積の和を表面積という。直方体の表面積 S cm² を表す式をつくりなさい。

(3) $a = 8$，$b = 3$，$h = 4$ のときの直方体の体積と表面積を求めなさい。

4 次の数量の関係を，等式または不等式で表しなさい。(4点×4)

(1) 全部で a 本あった鉛筆を，b 人の子どもに1人3本ずつ配ろうとしたら，2本たりなかった。

(2) a を13でわると，商が b で余りが8である。

(3) 10km の距離を毎時 x km の速さで進むときにかかる時間は y 時間以上である。

(4) 1個 x 円のりんごを4個と，1個 y 円のみかんを3個買ったところ，1000円でおつりがあった。

重要 **5** 右の図のようにマッチ棒を並べて三角形をつくった。
次の問いに答えなさい。(6点×2)

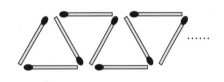

(1) 三角形を8個つくるためには，マッチ棒が何本必要ですか。

(2) 三角形を n 個つくるためには，マッチ棒が何本必要ですか。n を使って表しなさい。

6 碁石を使って，右の図の1番目，2番目，3番目，
……のように，碁石の数を増やして正方形を2
つ合わせた図形をつくっていくとき，次の問い
に答えなさい。(6点×2) 〔石 川〕

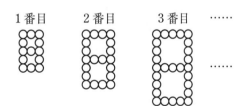

1番目　　2番目　　3番目　……

(1) 4番目の図形には，碁石が何個必要ですか。

(2) n 番目の図形には，碁石が何個必要ですか。n を使って表しなさい。

第1章 第2章 第3章 第4章 第5章 第6章 第7章 総合実力テスト

| Step A | Step B | Step C-① |

| ●時　間 35分 | ●得　点 |
| ●合格点 70点 | 点 |

解答▶別冊13ページ

1 次の問いに答えなさい。(5点×4)

(1) x 時間 y 秒は何秒ですか。

(2) a 円の p 割は何円ですか。

(3) 分速 xm は時速何 km ですか。

(4) $b$kg の r% は何 g ですか。

2 次の計算をしなさい。(5点×6)

(1) $4(a+1)-3(2a-4)$

(2) $-4(3+6x)+5(4x-2)$

(3) $2(3b-2)+3(-b-5)-4(2b-3)$

重要 (4) $x-\dfrac{3x-2}{4}+\dfrac{-2x+1}{3}$

(5) $\dfrac{4y-1}{2}-\dfrac{-y-2}{3}+\dfrac{2y-7}{5}$

(6) $-0.2(x-3)-\dfrac{2x+1}{4}+0.3(-4x-5)$

3 次の問いに答えなさい。(5点×3)

(1) 1冊 x 円のノートを5冊とノートの半額のペンを3本買い，1000円出したときのおつりは何円ですか。

(2) a%の食塩水 100g と b%の食塩水 400g を混ぜてできる食塩水の濃度は何%ですか。

(3) $p$km の道のりを時速 $q$km の速さで歩いた。途中40分休んだとすると，かかった時間は全部で何時間でしたか。

4 次の式の値を求めなさい。(5点×3)

(1) $x=4$, $y=6$ のとき, $\dfrac{1}{x}-\dfrac{1}{y}$

(2) $a=\dfrac{1}{2}$, $b=-\dfrac{1}{3}$ のとき, a^2-2b

[重要] (3) $a=0.2$, $b=-0.3$ のとき, $-2a^2-5b^3$

5 下の図のように，碁石を並べて正三角形をつくるとき，n 番目の三角形の碁石の数を，n を使って表しなさい。(5点)

1番目　　2番目　　　3番目　　　　4番目

6 右の図のように，1辺6cm の正方形を，2cm ずつずらしながら，1つの辺が重なるように並べた。次の問いに答えなさい。(5点×3)

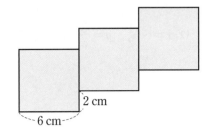

2 cm

6 cm

(1) 5個並べてできる図形の周の長さを求めなさい。

(2) n 個並べてできる図形の周の長さを求めなさい。

(3) 120個並べてできる図形の周の長さを求めなさい。

Step **A** 〉 Step **B** 〉 Step**C**-②

●時　間 35分　●得　点
●合格点 70点　　　　点

解答▶別冊14ページ

1 次の計算をしなさい。(5点×6)

(1) $3(a+2)-5(2a-3)+2(-3a+6)$

(2) $0.4(2x+4)-0.6(3x+5)$

(3) $\left(\dfrac{6x+4}{5}-\dfrac{3x-5}{2}\right)\times 10$

(4) $\left(\dfrac{4x+4}{3}+\dfrac{2x-9}{4}\right)\div\dfrac{1}{12}$

重要 (5) $\dfrac{1}{4}(4x+8)-\dfrac{2}{3}(-6x-3)+\dfrac{1}{5}(10x+5)$

(6) $\dfrac{1}{3}(x+0.2)-0.4\left(\dfrac{1}{2}x-5\right)+\dfrac{3}{4}(0.25x-10)$

2 次の式の値を求めなさい。(5点×2)

(1) $x=\dfrac{1}{2}$, $y=-\dfrac{2}{3}$ のとき, $3(x^2+y^3)-\dfrac{1}{9}$

(2) $x=-\dfrac{1}{2}$, $y=\dfrac{3}{5}$ のとき, $5(x^3-5y^2)-\dfrac{7}{8}$

3 $A=x+1$, $B=-2x-3$ のとき, 次の計算をしなさい。(5点×4)

(1) $A+2B$

(2) $3A-4B$

(3) $\dfrac{1}{3}A+\dfrac{1}{4}B$

(4) $0.8A-0.3B$

4 次の数量の関係を，等式または不等式で表しなさい。(5点×5)

(1) 20 km の道のりを行くのに，毎時 a km の速さで行くほうが，毎分 b m で行くよりも 15 分はやく着く。

(2) n 本の鉛筆を x 人のクラスで分けるのに，15 人には a 本ずつ，残りの人には b 本ずつ配ったが，まだ 7 本余っていた。

(3) 縦が 6 cm，横が 12 cm の長方形がある。横の長さを k cm 長くしたところ，周の長さが 40 cm 以上になった。

(4) 500 円で仕入れた商品に a 割の利益を見込んで定価をつけたが売れなかったので，100 円引きで売った。売った利益は，500 円より多かった。

(5) 1 辺が x cm の正方形 A と，1 辺の長さが y cm の正方形 B の面積の和は 50 cm² 未満になった。

5 連続する 3 つの整数のうち，いちばん小さい数を n としたときの和は，$3n+3$ となることを説明しなさい。(5点)

6 右の図の 1 番目，2 番目，3 番目，……のように，1 辺の長さが 1 cm である同じ大きさの正方形を規則的に並べて図形をつくる。図の太線は図形の周を表しており，例えば，2 番目の図形の周の長さは 10 cm である。次の問いに答えなさい。(5点×2)

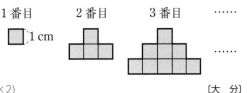

〔大 分〕

(1) 4 番目の図形の周の長さを求めなさい。

(2) n 番目の図形の周の長さを n を使って表しなさい。

1次方程式の解き方

Step A ＞ Step B ＞ Step C

解答▶別冊15ページ

1 次の方程式のうち，$x=4$ が解であるものには○，そうでないものには × をつけなさい。

(1) $x-7=10$

(2) $3x-2=14-x$

(3) $6x+8=9x-4$

(4) $2x+5=4x-8$

(5) $4x-7=3x+1$

重要 (6) $8x-7=5(x+1)$

2 次の方程式を，等式の性質を使って解きなさい。

(1) $x-8=7$

(2) $x+5=-9$

(3) $x-3=6$

(4) $x+12=5$

(5) $-3+x=9$

重要 (6) $x-4.7=6$

(7) $x-\dfrac{1}{3}=\dfrac{5}{3}$

重要 (8) $x+\dfrac{3}{4}=1$

(9) $0.5+x=-\dfrac{1}{4}$

3 次の方程式を，等式の性質を使って解きなさい。

(1) $2x=48$

(2) $-5x=75$

重要 (3) $-16x=-48$

(4) $-7x=-56$

(5) $-18x=72$

重要 (6) $12x=-21$

4 次の方程式を，等式の性質を使って解きなさい。

(1) $\dfrac{x}{7} = 5$

(2) $\dfrac{1}{2}x = 8$

(3) $\dfrac{x}{3} = 8$

(4) $\dfrac{1}{12}x = -3$

(5) $1.2x = 48$

重要 (6) $-\dfrac{5x}{3} = -2$

5 次の方程式を，等式の性質を使って解きなさい。

(1) $3x + 7 = 19$

(2) $2x - 6 = 8$

(3) $30 - 6x = 84$

重要 (4) $0.8x + 1.6 = 2.4$

(5) $\dfrac{1}{3}x - 5 = 4$

(6) $\dfrac{x}{4} - 16 = 3$

(7) $2x + \dfrac{1}{4} = -\dfrac{3}{4}$

重要 (8) $11x - \dfrac{5}{8} = \dfrac{3}{4}$

(9) $\dfrac{x}{2} - \dfrac{3}{4} = -\dfrac{3}{4}$

(10) $4x - 1.2 = 2.8$

重要 (11) $\dfrac{x}{5} - 0.2 = 1.8$

(12) $-0.3x + 2 = -\dfrac{1}{2}$

✓**チェックポイント**

等式の性質…$A = B$ のとき，次の等式が成り立つ。

① 両辺に同じ数や式 C を加える。　　$A + C = B + C$

② 両辺から同じ数や式 C をひく。　　$A - C = B - C$

③ 両辺に同じ数 C をかける。　　　　$AC = BC$

④ 両辺を 0 でない同じ数 C でわる。　$\dfrac{A}{C} = \dfrac{B}{C}$

10 いろいろな1次方程式

Step A Step B Step C

解答▶別冊16ページ

1 次の方程式を解きなさい。

(1) $2x - 8 = 6$

(2) $30 - 6x = 12$

(3) $7x + 2 = 51$

2 次の方程式を解きなさい。

(1) $7x = -x + 32$

(2) $4x = x - 24$

(3) $2x = -7x - 27$

(4) $-7x = -5x + 24$

(5) $7x = 3x - 72$

(6) $5x = -7x + 60$

3 次の方程式を解きなさい。

重要 (1) $4x + 6 = x - 9$

(2) $-5x + 37 = 2x - 5$

重要 (3) $3x - 10 = -5x + 6$

(4) $6x + 5 = -4 - 3x$

4 次の方程式を解きなさい。

(1) $3(x - 4) = 9$

重要 (2) $-4(2x + 13) = 12$

重要 (3) $7x - (2x + 4) = 6$

(4) $6 - (3x - 7) = 1$

(5) $3x - 2(4x + 5) = 15$

(6) $5(x - 9) = -4x + 18$

5 次の方程式を解きなさい。

(1) $1 + \dfrac{1}{2}x = \dfrac{1}{3}x$

(2) $\dfrac{5x - 1}{2} - x = 7$

重要 (3) $\dfrac{x - 1}{2} - \dfrac{x - 2}{3} = 1$

(4) $\dfrac{3(x - 1)}{4} - \dfrac{x - 3}{2} = 2$

6 次の方程式を解きなさい。

(1) $0.2x + 0.7 = 0.4x + 0.5$

(2) $1.2x - 0.9 = 0.8x + 0.3$

重要 (3) $0.15x - 0.2 = 0.09x + 0.1$

(4) $0.03x - 0.12 = 0.02x + 0.42$

7 次の式の x の値を求めなさい。

(1) $x : 8 = 3 : 2$

(2) $27 : x = 9 : 5$

重要 (3) $\dfrac{1}{4} : \dfrac{1}{3} = x : 8$

(4) $x : \dfrac{3}{2} = 1 : \dfrac{2}{3}$

重要 (5) $(x + 1) : 6 = 2 : 3$

(6) $3 : 4 = (x - 2) : 2$

☑ チェックポイント

① **1次方程式の解き方**

1. かっこがあればかっこをはずし，係数に分数や小数があれば両辺を何倍かして整数になおす。

2. x をふくむ項を左辺に，数の項を右辺に移項する。

3. 両辺をそれぞれ整理して，$ax = b$ の形にする。

4. 両辺を x の係数 a でわる。

② **比例式**…$a : b = c : d$ のような等式。

比例式では，外項の積と内項の積は等しいので，$ad = bc$ となる。

1 次の方程式を解きなさい。(3点×4)

(1) $6x+5=2x+9$

(2) $2x-9=5x-12$

(3) $8x+9=7x-23$

(4) $5x-7=2x+11$

2 次の方程式を解きなさい。(3点×6)

(1) $3x+2(x-1)=x+14$

(2) $2x+5(x+2)=2x-5$

(3) $4x+3(x+1)=x-9$

(4) $5x+6(x+6)=3x-12$

(5) $7x+4(2x-3)=3x+48$

(6) $8x+2(x+1)=x-3$

3 次の方程式を解きなさい。(3点×6)

(1) $3(x-2)+2(2x-5)=2x+4$

(2) $-2(x-4)+4(x+5)=5x-17$

(3) $2(-x-3)-2(3x+1)=-4x+12$

重要 (4) $-(x-6)-3(-4x-2)=3x-4$

(5) $5(x+3)-4(x-3)=3(3x+7)$

(6) $9(x-7)+4(x+2)=2(x+11)$

4 次の方程式を解きなさい。(3点×6)

(1) $\dfrac{x-5}{3} + \dfrac{x-8}{4} = \dfrac{x-28}{12}$

重要 (2) $\dfrac{x-2}{2} + (x-4) = \dfrac{x+2}{4}$

(3) $\dfrac{x+10}{6} + \dfrac{x-5}{3} = -\dfrac{x+10}{2}$

(4) $\dfrac{x+1}{2} - \dfrac{x-2}{7} = -\dfrac{2}{7}$

(5) $\dfrac{x+10}{4} + \dfrac{x-5}{3} = \dfrac{x-5}{6}$

重要 (6) $\dfrac{x+8}{3} - \dfrac{x+3}{5} = -\dfrac{x-2}{4}$

5 次の方程式を解きなさい。(4点×4)

(1) $2.3x + 4.6 = 1.7x + 1$

(2) $0.08x + 0.16 = 0.06x - 0.14$

(3) $1.4(x-2) = 0.2(8x-1)$

重要 (4) $0.6(x-5) + 0.4(x-2) = 0.2(x+5)$

6 次の式の x の値を求めなさい。(3点×6)

(1) $6 : x = \dfrac{1}{5} : \dfrac{1}{8}$

(2) $6 : (x-1) = 4 : 5$

(3) $2 : 0.6 = 5 : 3x$

(4) $0.4 : 1.5 = x : 6$

重要 (5) $1 : \dfrac{4}{3} = (x+2) : 12$

(6) $0.5 : (2x-3) = 1 : 2$

11 1次方程式の利用 ①

Step A ▷ Step B ▷ Step C

解答▶別冊19ページ

1 次の問いに答えなさい。

(1) x についての方程式 $4x+a=x-5$ の解が $x=-2$ のとき，a の値を求めなさい。

重要 (2) $2(x-a)=0.8x+1.2$ の解が $x=6$ のとき，a の値を求めなさい。

(3) $\dfrac{x+a}{4}=\dfrac{2x-2a}{5}$ の解が $x=13$ のとき，a の値を求めなさい。

2 次の問いに答えなさい。

(1) ある数を 3 倍して 7 をたしたところ 31 になった。ある数はいくつですか。

(2) ある数を 2 倍して 12 たした数と，同じ数を 4 倍して 8 ひいた数は等しくなった。ある数はいくつですか。

3 Aさんの 5 教科(国語，数学，英語，理科，社会)の得点について，5 教科全部の平均点が 75 点で，数学以外の 4 教科の平均点が 80 点であった。数学の得点を求めなさい。

重要 **4** ふもとから山頂まで，山道を毎分 60m の速さで上るのと，同じ道を山頂からふもとまで毎分 80m で下るのとでは，かかる時間が 30 分ちがう。この山道は何 m ありますか。

5 湖を1周する自転車道路がある。Aさんは時速15kmで，Bさんは時速10kmで，それぞれこの道路を1周したら，Bさんのほうが12分間だけ多くかかった。この道路は1周何kmですか。

6 りんご5個と1個40円のみかんを1個買ったときの代金は，りんご1個とみかん1個を買ったときの代金の4倍になった。りんご1個の値段を求めなさい。

重要 **7** 兄は5000円，弟は4000円持っていた。その後，兄と弟はおじいさんからおこづかいをもらったが，兄は弟の3倍の金額をもらったため，兄の所持金は弟の所持金の2倍になった。兄はおじいさんからいくらもらったかを求めなさい。

重要 **8** あめを何人かの子どもに配るのに，1人に2個ずつ配ると5個余り，1人に3個ずつ配ると10個不足する。子どもは何人いますか。

9 2けたの正の整数がある。その整数の一の位の数は十の位の数より4大きい。また，十の位の数と一の位の数を入れかえた整数は，もとの整数の2倍より1小さい。これについて，次の問いに答えなさい。
(1) もとの整数の十の位の数を x とすると，一の位の数はいくつですか。

(2) もとの整数の十の位の数を求めるには，どんな方程式をつくればよいか。それを解いてもとの整数を求めなさい。

┌─ ☑ **チェックポイント** ─────────────────────────

方程式を使って問題を解く手順
　① 問題の内容を整理して，何を x で表すか決める。
　② 等しい関係にある数量を見つけて，方程式をつくる。
　③ 方程式を解く。
　④ 解が問題に適しているかどうか確かめ，答えを決める。

1 ある数を3倍して7を加えるところを，まちがって7を加えてから3倍したので，33になった。正しく計算すると，いくつになりますか。(7点)

2 ある数を1.2でわるのをまちがえて，0.2でわったため，答えは50だけ大きくなったという。正しい答えを求めなさい。(7点)

3 次の問いに答えなさい。(7点×3)

(1) 連続する3つの整数の和が180のとき，3つの整数を求めなさい。

(2) 連続する3つの偶数の和が198のとき，3つの数を求めなさい。

(3) 連続する3つの奇数の和が231のとき，3つの数を求めなさい。

重要 **4** 周囲が1800mある池の周りを，Aは毎分80m，Bは毎分100mで走っている。次の問いに答えなさい。(7点×2)

(1) AとBが同じ地点から反対の方向に向かって同時に出発した。2人が出会うのは出発してから何分後か求めなさい。

(2) Aがある地点から出発してから10分後に，Bが同じ地点から出発した。BがAに追いつくのは，Bが出発してから何分後か求めなさい。

5 長さ 175m の鉄橋を渡りはじめてから，渡り終わるまでに 18 秒かかる列車がある。この列車が長さ 920m のトンネルに完全にかくれている時間は 55 秒だった。この列車の長さを求めなさい。ただし，列車の速さは一定である。(7点)

6 3 時から 4 時までの間について，次の問いに答えなさい。(7点×2)

(1) 長針と短針が重なるのは，3 時ちょうどから何分後か求めなさい。

(2) 長針と短針が一直線になるのは，3 時ちょうどから何分後か求めなさい。

重要 **7** 昨年の子ども会のバザーで，おにぎりをつくって販売したところ，20 個売れ残った。そこで，今年のバザーでは，つくる個数を昨年より 10% 減らして販売したところ，つくったおにぎりはすべて売れ，売れたおにぎりの個数は昨年売れた個数より 5% 多かった。昨年のバザーでつくったおにぎりの個数を求めなさい。(7点) 〔愛 知〕

記述 **8** 「ノートをあるクラスの生徒に配るのに，1 人に 3 冊ずつ配ると 22 冊余り，4 冊ずつ配ると 6 冊たりない。このとき，ノートの冊数を求めなさい。」という問題に対して，春子さんと良男さんの 2 人は，それぞれ次のような式をつくった。どういう考え方でその式をつくったかを書きなさい。(7点×2) 〔栃木一改〕

(1) 春子さんのつくった式「$3x + 22 = 4x - 6$」

(2) 良男さんのつくった式「$(x - 22) \div 3 = (x + 6) \div 4$」

9 中学生のあるグループが幼稚園を訪問することになり，園児たちへのプレゼントとしてカップケーキとシュークリームをつくることにした。カップケーキ 4 個をつくるために使う小麦粉は 50g であり，シュークリーム 8 個をつくるために使う小麦粉は 70g であるという。これまでに，小麦粉を 2kg 使って，カップケーキとシュークリームを，合わせて 208 個つくった。このとき，これまでにつくったカップケーキの個数を求めなさい。(9点)

12 1次方程式の利用 ②

Step A ＞ Step B ＞ Step C

解答▶別冊21ページ

1 次の問いに答えなさい。

(1) ある中学校の女子の生徒は全体の半分より15人少なく，男子の生徒は420人である。この中学校の全生徒数は何人か求めなさい。

(2) あるクラス36人のうち，男子生徒の10％と女子生徒の25％がバスで通学していて，その人数は6人である。このクラスの女子の人数を求めなさい。

重要 (3) ある本を1日で全体の $\frac{1}{4}$ を読み，次の日に残りの $\frac{3}{5}$ を読んだところ，残りが36ページだった。この本は全部で何ページか求めなさい。

2 次の問いに答えなさい。

(1) ある商品に仕入れ値の30％増しの定価をつけたところ，仕入れ値より720円高くなった。仕入れ値はいくらだったか求めなさい。

(2) ある商品に仕入れ値の2割増しの定価をつけたが，売れないので定価の200円引きで売ったところ，利益は仕入れ値の1割になった。この商品の仕入れ値を求めなさい。

重要 (3) 800円で仕入れた商品に25％増しの定価をつけたが，売れないので何％か割引きしたところ，仕入れ値の2割増しの値段になった。定価から何％割引きをしたか求めなさい。

第1章
第2章
第3章
第4章
第5章
第6章
第7章
総合実力テスト

3 次の問いに答えなさい。

(1) 3%の食塩水と10%の食塩水100gを混ぜたところ，5%の食塩水ができた。3%の食塩水は何gありましたか。

重要 (2) 8%の食塩水から100gの水を蒸発させたところ，12%の食塩水になった。8%の食塩水は何gありましたか。

4 180枚のカードを兄と弟で分けると，兄と弟の枚数の比が5：4になった。兄の枚数を求めなさい。

5 姉と妹の所持金の比は8：5だったが，姉は800円使い，妹は500円もらったので，姉と妹の所持金の比は4：5になった。2人のはじめの所持金はそれぞれいくらになりますか。

重要 **6** ある中学校の去年の生徒数は750人であった。今年は男子が15%増え，女子が10%減ったので，全体では20人増えた。今年の男子と女子の生徒数をそれぞれ求めなさい。

7 縦の長さが5cm，横の長さが8cmの直方体がある。この直方体の表面積が$184\,\text{cm}^2$のとき，高さは何cmですか。

☑ **チェックポイント**

① **売買損益の問題**

定価＝仕入れ値×(1＋利益の割合)

売価＝定価×(1－値引きの割合)

利益＝売れた金額－仕入れ値

② **食塩水の問題**

食塩水全体の重さ＝食塩の重さ÷濃度　　　濃度＝食塩の重さ÷食塩水全体の重さ

食塩の重さ＝食塩水全体の重さ×濃度

Step A　Step B　Step C

1 次の問いに答えなさい。(7点×3)

(1) 1200円の商品に何割かの利益を見込んで定価をつけましたが，売れなかったので300円引きしたところ，売価が1260円になりました。何割の利益を見込んだか求めなさい。

(2) ある商品の原価に500円の利益を見込んで定価をつけた。売れなかったので，2割引きにしたところ1440円になった。原価はいくらか求めなさい。

(3) いくらかおこづかいを持って買い物にでかけました。はじめはおこづかいの $\frac{1}{2}$ を使って本を買いました。その後残ったおこづかいの30%を使ってお菓子を買ったところ，残りは980円でした。はじめに持っていたおこづかいはいくらか求めなさい。

2 次の問いに答えなさい。(7点×3)

(1) 16%の食塩水300gに，ある濃度の食塩水を200g混ぜたところ，14%の食塩水ができた。混ぜたのは何%の食塩水でしたか。

重要 (2) 9%の食塩水200gが入れてある容器から，何gかを捨て，それと同じ量だけ水を入れたら容器の中の食塩水の濃度は6.3%になった。何gの食塩水を入れ替えましたか。

(3) 11%の食塩水と3%の食塩水を混ぜたところ，5%の食塩水が840gできた。11%の食塩水と3%の食塩水はそれぞれ何gずつ混ぜましたか。

3 ある大きさの正方形があります。縦を 3cm，横を 5cm 伸ばして長方形にしたところ，面積が 47cm² 大きくなりました。正方形の 1 辺の長さは何 cm ですか。(7点)

4 右の図の三角形 ABC で，角 B は直角，AB＝9cm，BC＝12cm である。点 P は辺 BC 上を頂点 B から C まで毎秒 1cm の速さで動きます。次の問いに答えなさい。(8点×2)

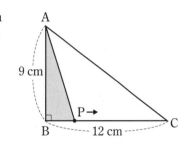

(1) PC の長さが 4cm になるのは何秒後ですか。

(2) 三角形 ABP の面積が 27cm² になるのは何秒後ですか。

5 ある工事場に，9m³ の砂と 4m³ の砂利がある。そこへトラックで毎回同じ量ずつ，砂を 4 回，砂利を 5 回運んで増やし，砂の量が砂利の量の 1.2 倍になるようにしたい。1 回に運ぶ量を何 m³ にすればよいですか。(8点) 〔山形〕

6 右の図のように，直径が 1cm の管を輪にして，直径 12cm の円をつくりつなげていった。次の問いに答えなさい。(9点×2)

(1) 円を 6 個つなげると，全長は何 cm になるか求めなさい。

(2) 全長が 132cm になるのは，円を何個つなげたときですか。

7 右の図のように 1 から 100 まで順に数字が並んでいる。□で囲んだ 4 つの数の和について考える。例えば，右の図で囲んだ□の中の数字の和は 94 になる。4 つの数の和が 266 になるとき，4 つの数はいくつですか。また，求め方も書きなさい。(9点)

1	2	3	4	5	6	7	8
9	10	11	12	13	14	15	16
17	18	19	20	21	22	23	24
25	26	27	28	29	30	31	32
33	34	35	36	37	38	39	40
·	·	·	·	·	·	·	·

Step A ▶ Step B ▶ Step C-①

●時　間 35分　●得　点
●合格点 70点　　　　　点

解答▶別冊23ページ

1 次の方程式を解きなさい。(5点×4)

(1) $(2x-4)+1=7(x+1)$

(2) $7x-2(x-13)=61$

(3) $3(x-7)=2(x-4)$

(4) $5(x+3)=2(x+12)$

2 次の方程式を解きなさい。(5点×6)

(1) $\dfrac{x-4}{4}=\dfrac{x-10}{7}$

(2) $x-5=\dfrac{x-9}{6}$

(3) $\dfrac{x+8}{2}=\dfrac{x+6}{3}$

(4) $\dfrac{x+5}{3}=\dfrac{x+4}{4}+\dfrac{x+7}{2}$

(5) $x-10+\dfrac{3x-4}{6}=\dfrac{x-4}{2}$

(6) $0.06x-0.9=0.11x+0.1$

3 次の問いに答えなさい。(5点×2)

(1) x の1次方程式 $\dfrac{x+a}{3}-7=2x-4$ の解が $x=-\dfrac{6}{5}$ であるとき，a の値を求めなさい。　　〔本郷高〕

重要 (2) x についての2つの1次方程式 $2x-3=5x+6$，$3x+a=ax-1$ の解が等しいとき，a の値を求めなさい。
　　〔東海大付属浦安高〕

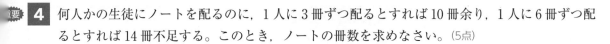

4 何人かの生徒にノートを配るのに，1人に3冊ずつ配るとすれば10冊余り，1人に6冊ずつ配るとすれば14冊不足する。このとき，ノートの冊数を求めなさい。(5点)

5 100円の箱に，1個80円のゼリーと1個120円のプリンを合わせて24個つめて買ったところ，代金の合計は2420円であった。このとき買ったゼリーの個数を求めなさい。(7点)　〔千 葉〕

6 原価600円の品物を50個仕入れ，何%かの利益を見込んで定価をつけて販売した。20個が売れ残ったため，定価の150円引きで販売したらすべて売り切れた。その結果，得られた利益は最初に見込んでいた利益の50%となった。何%の利益を見込んで定価をつけたか求めなさい。

(7点)〔関西学院高〕

7 弟が1.5km離れた駅に向かって家を出てから10分たって，兄が自転車で同じ道を追いかけた。弟の歩く速さは毎分60m，兄の自転車の速さは毎分210mであるとすると，兄が弟に追いついたのは駅から何kmの地点ですか。(7点)

8 水と12%の濃度の食塩水と濃度が不明の食塩水を同じ量ずつ混ぜると，7%の濃度の食塩水になった。何%の濃度の食塩水を混ぜましたか。(7点)

9 A君が思い浮かべたある3けたの整数を，B君にあててもらうゲームをしました。次は，そのときの会話です。

A「3けたの整数は10の倍数で，各位の和は10です。」

B「それだけじゃわからないよ。」

A「この整数の各位の数をすべてもとの位とは異なるように並べ替えてできる3けたの整数は，もとの整数より234小さいです。」

B「わかった！」

A君が思い浮かべた整数を求めなさい。(7点)　〔東京電機大高〕

Step A 〉 Step B 〉 Step C-②

●時 間 35分	●得 点
●合格点 70点	点

解答▶別冊24ページ

1 次の方程式を解きなさい。(5点×4)

(1) $3x - 9 = 6(x + 2)$

(2) $42 = 3x + 2(x - 1)$

(3) $4(x - 1) = -3(2x + 8)$

(4) $-x + 1 + 2(3x - 4) = -2(x + 7)$

2 次の方程式を解きなさい。(5点×4)

(1) $\dfrac{x+2}{3} = \dfrac{x-4}{5}$

(2) $\dfrac{2x+1}{4} = \dfrac{x-4}{6}$

(3) $0.3x + 6 = 0.1x + 0.4$

(4) $0.19x + 48 = \dfrac{12x + 40}{25}$

3 次の式の x の値を求めなさい。(6点×2)

(1) $\dfrac{x}{3} : 45 = \dfrac{x-2}{9} : 9$

(2) $0.4 : 1.2 = (2x + 1) : (6 - x)$　　　　〔関西学院高〕

4 x についての方程式 $a(2x - 1) + 3ax + 4 = -2a - 6$ について, 次の問いに答えなさい。(6点×2)

(1) $a = -2$ のとき, この方程式を解きなさい。

(2) この方程式の解が $x = 3$ のとき, a の値を求めなさい。

5 ある列車が，420mの鉄橋を渡りはじめてから渡り終わるまでに36秒間かかった。また，同じ列車が1320mのトンネルを通過するとき，1分20秒間は列車の全体がトンネルにかくれていた。列車は同じ速度で進むものとする。この列車の長さを求めなさい。また，求め方も書きなさい。(6点) 〔岡山一改〕

6 濃度5%の食塩水がxgある。これに濃度3%の食塩水400gを混ぜてから，水を60g蒸発させたら，濃度4%の食塩水ができた。このとき，xの値を求めなさい。(6点) 〔青雲高〕

7 ある市には，博物館と美術館があり，3月の入館者は，博物館と美術館合わせて7200人だった。4月の入館者は，3月と比べて，博物館が10%増え，美術館が2%減り，全体では312人増えた。4月の博物館の入館者は何人ですか。(6点) 〔山 形〕

8 ある中学校では，遠足のため，バスで，学校から休憩所を経て目的地まで行くことにした。学校から目的地までの道のりは98kmである。バスは，午前8時に学校を出発し，休憩所まで時速60kmで走った。休憩所で20分間休憩した後，再びバスで，目的地まで時速40kmで走ったところ，目的地には午前10時15分に到着した。このとき，学校から休憩所までの道のりと休憩所から目的地までの道のりは，それぞれ何kmですか。(6点) 〔静 岡〕

9 A，B，Cの3種類の品物があわせて100個あり，1個の重さはそれぞれ20g，30g，40gである。また，AとBの個数の比は3：2である。100個の品物の重さの合計が2960gであるとき，Aの個数を求めなさい。(6点) 〔青雲高〕

10 ある商店では，商品Aを10%値上げし，5個以上買った客には5個につき1個無料で配るサービスを始めた。すると，値上げ後の初日に売った個数とサービスで配った個数の合計は，値上げ前の最終日の売り上げ個数より130個多く，売り上げ額も65%増えた。また，値上げ後初日にサービスで配った商品Aの個数は，その日に売った個数とサービスで配った個数の合計の$\dfrac{1}{11}$である。値上げ前最終日の売り上げ個数を求めなさい。(6点) 〔市川高（千葉）〕

13 比例と反比例

Step A ▶ Step B ▶ Step C

解答▶別冊25ページ

1 y を x の式で表し，y が x に比例することを示し，その比例定数を書きなさい。

(1) 縦 5 cm，横 x cm の長方形の面積を y cm² とする。

(2) 秒速 19 m で走る電車が x 秒間に進む道のりは y m である。

重要 2 次の問いに答えなさい。

(1) y は x に比例し，$x=3$ のとき $y=7$ である。比例定数を求めなさい。

(2) y は x に比例し，$x=4$ のとき $y=-12$ である。y を x の式で表しなさい。

(3) y は x に比例し，$x=-3$ のとき $y=6$ である。$x=4$ のときの y の値を求めなさい。

3 水が 100 L 入る空の水そうがある。この水そうに毎分 4 L の割合で水を入れるとき，水を入れ始めてから x 分後の水の量を y L とする。このとき，次の問いに答えなさい。

(1) x，y の関係を式で表しなさい。

(2) y の変域を，不等号を使って表しなさい。

(3) x の変域を，不等号を使って表しなさい。

4 y を x の式で表し，y が x に反比例することを示し，その比例定数を書きなさい。

(1) 面積が 24cm² の長方形の縦を x cm，横を y cm とする。

(2) 1800m 離れた地点へ，分速 x m で歩いていくと y 分かかる。

(3) 15 L 入る水そうに，1 分間に x L ずつ水を入れるのにかかる時間は y 分間である。

5 次の問いに答えなさい。

(1) y は x に反比例し，$x=2$ のとき $y=-8$ である。比例定数を求めなさい。

(2) y は x に反比例し，$x=-3$ のとき $y=6$ である。y を x の式で表しなさい。　〔和歌山〕

(3) y は x に反比例し，$x=3$ のとき $y=12$ である。$x=6$ のときの y の値を求めなさい。

6 右の表は，x と y の関係を表したものである。y が x に反比例するとき，表中の a，b の値を求めなさい。　〔群馬〕

x	…	3	4	5	…
y	…	8	a	b	…

✓チェックポイント

① 比例

変数 x，y の間に，a を定数として，$y=ax$ の関係が成り立つとき，y は x に比例する。

x の値が 2 倍，3 倍，…になると，y の値も 2 倍，3 倍，…となる。

② 反比例

変数 x，y の間に，a を定数として，$y=\dfrac{a}{x}$ の関係が成り立つとき，y は x に反比例する。

x の値が 2 倍，3 倍，…になると，y の値は $\dfrac{1}{2}$ 倍，$\dfrac{1}{3}$ 倍，…となる。

③ 変域…変数のとりうる範囲。$0 \leqq x \leqq 5$ のように書く。

1 次の問いに答えなさい。(6点×2)

(1) y は x に比例し，$x=3$ のとき $y=-5$ である。$y=10$ のときの x の値を求めなさい。　　　〔福　岡〕

(2) y は x に反比例し，$x=5$ のとき $y=-4$ である。$y=18$ のときの x の値を求めなさい。

重要 **2** 次の数量関係を式で表し，比例する場合は○，反比例する場合は△，どちらでもない場合は×の記号で答えなさい。(6点×5)

(1) a 円のお金を兄と弟の 2 人で分けるのに，兄は弟より 100 円多くなるようにしたい。弟の受け取るお金を b 円として，b を a の式で表しなさい。　　　〔秋田一改〕

(2) x km の道のりを，毎分 60 m の速さで歩いたときにかかった時間を y 分とする。このとき，y を x の式で表しなさい。　　　〔和歌山一改〕

(3) 面積が 36 cm^2 の三角形がある。この三角形の底辺が x cm のときの高さが y cm である。y と x の関係を式で表しなさい。

(4) 12 m のリボンを x 人に等しく分けたときの 1 人当たりの長さを y cm とする。y と x の関係を式で表しなさい。

(5) 貯金が現在 6000 円ある。今後 1 か月に 2000 円ずつ貯金していくとき，x か月後の全体の貯金額は y 円である。y を x の式で表しなさい。

3 2つの変数 x, y が右の表のような値をとっている。次の問いに答えなさい。(6点×2)

x	…	7	8	9	…
y	…	a	4	b	…

(1) y が x に比例するとき，a にあてはまる数を求めなさい。

(2) y が x に反比例するとき，b にあてはまる数を求めなさい。

4 次の問いに答えなさい。(7点×4)

(1) $y+1$ は $x-4$ に比例し，$x=2$ のとき $y=-7$ である。$x=6$ のときの y の値を求めなさい。

(2) $y-2$ は $2x+1$ に反比例し，$x=-\dfrac{5}{2}$ のとき $y=12$ である。$x=3$ のときの y の値を求めなさい。

(3) y が x に比例するとき，x の値が25%増加すると，y の値はどうなりますか。

(4) y が x に反比例するとき，x の値が50%増加すると，y の値はどうなりますか。

5 1辺が10cmの立方体の容器がある。この容器に毎分25cm³の割合で水を入れるとき，水を入れ始めてから x 分後の水の深さを $y$cm とする。このとき，次の問いに答えなさい。(6点×3)

(1) y を x の式で表し，y が x に比例することを示し，その比例定数を求めなさい。

(2) 変数 x, y の変域を，それぞれ不等号を使って表しなさい。

(3) 水の深さが8cmになるのは，水を入れ始めてから何分後ですか。

14 座標とグラフ

Step A ＞ Step B ＞ Step C

解答▶別冊27ページ

1 次の点を，右の図にかき入れなさい。

(1) A (5, 4)

(2) B (−2, 3)

重要 (3) C (−3, 0)

(4) D (2, −4)

重要 (5) E (0, 4)

(6) F (−4, −3)

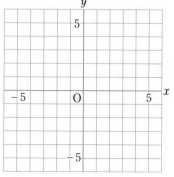

2 次の式のグラフを，右の図にかきなさい。

(1) $y = 2x$

重要 (2) $y = \dfrac{1}{3}x$

(3) $y = -2x$

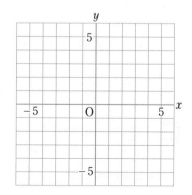

3 右の図は比例のグラフである。(1)〜(5)のグラフの式を求めなさい。

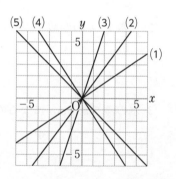

4 次の式の対応表を完成させ，右の図にグラフをかきなさい。

(1) $y = \dfrac{12}{x}$

x	$\cdots$	-6	-4	-3	-2	0	2	3	4	6	$\cdots$
y	$\cdots$										$\cdots$

(2) $y = -\dfrac{6}{x}$

x	$\cdots$	-6	-3	-2	-1	0	1	2	3	6	$\cdots$
y	$\cdots$										$\cdots$

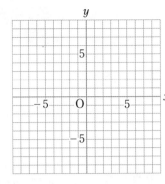

5 右の図は反比例のグラフである。(1)，(2)のグラフの式を求めなさい。

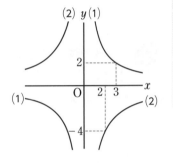

6 面積が $6\,\mathrm{cm}^2$ の長方形の横の長さを $x\,\mathrm{cm}$，縦の長さを $y\,\mathrm{cm}$ として，y を x の式で表しなさい。また，このときの x と y の関係を表すグラフをかきなさい。　〔鹿児島〕

（グラフ）

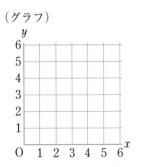

✓ **チェックポイント**

① **比例のグラフ**
　比例 $y = ax$ のグラフは，原点と $(1,\ a)$ を通る直線である。

② **反比例のグラフ**
　反比例 $y = \dfrac{a}{x}$ のグラフは双曲線である。

Step A ▶ Step B ▶ Step C

1 次の問いに答えなさい。(3点×4)

(1) 点(3, 5)を x 軸の正の方向に 2, y 軸の負の方向へ 4 移動した点の座標を求めなさい。

(2) 点(−2, −4)と x 軸, y 軸について対称な点をそれぞれ求めなさい。

(3) 点(6, −3)と原点 O について対称な点を求めなさい。

2 x の変域を $-6 \leqq x \leqq 4$ とするとき, 次の関数のグラフをかきなさい。また, y の変域を求めなさい。(3点×6)

重要 (1) $y = -\dfrac{1}{2}x$

(2) $y = \dfrac{2}{3}x$

(3) $y = -\dfrac{3}{4}x$

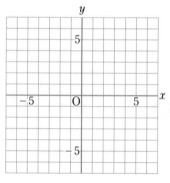

3 次の関数のグラフをかきなさい。また, y の変域を求めなさい。(4点×6)

重要 (1) $y = \dfrac{24}{x} \ (2 \leqq x \leqq 6)$

(2) $y = -\dfrac{18}{x} \ (3 \leqq x \leqq 9)$

(3) $y = -\dfrac{12}{x} \ (-4 \leqq x \leqq -1)$

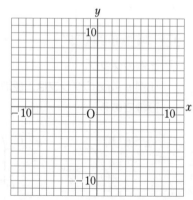

4 右の①，②のグラフは比例のグラフである。次の問いに答えなさい。(5点×4)

(1) ①のグラフについて，グラフの式と m の値を求めなさい。

(2) ②のグラフについて，グラフの式と n の値を求めなさい。

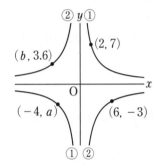

5 右の図の①，②は，それぞれ反比例のグラフである。
次の問いに答えなさい。(5点×4)

(1) 図の a の値を求めなさい。

(2) 図の b の値を求めなさい。

(3) 点 $(6, -3)$ と原点について対称な点の座標を求めなさい。また，その点は②のグラフ上にありますか。

6 下のア～エはそれぞれ，関数 $y = \dfrac{a}{x}$ のグラフと点 $A(1, 1)$ を表した図である。ア～エの中で，a の値が 1 より大きいものはどれですか。その記号を書きなさい。(6点)　　　〔広 島〕

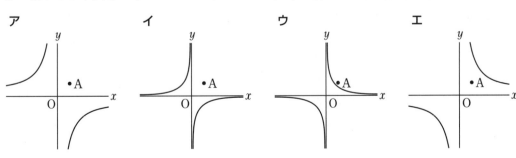

15 比例と反比例の利用

Step A ＞ Step B ＞ Step C

解答▶別冊29ページ

1 25L のガソリンで 375km 走る自動車がある。この自動車は，xL のガソリンで $y$km 走るとして，次の問いに答えなさい。

(1) x，y の関係を式に表しなさい。

(2) 90km の道のりを走るには，何 L のガソリンが必要ですか。

2 歯数が 20 ある歯車 A が 3 回転すると，歯数が x の歯車 B がちょうど y 回転する。このとき，次の問いに答えなさい。

(1) y を x の式で表しなさい。

(2) 歯車 B の歯数が 12 のとき，何回転するか求めなさい。

(3) 歯車 A が 3 回転すると，歯車 B はちょうど 4 回転した。歯車 B の歯数はいくつですか。

3 右のグラフは，ある針金の長さ xm と，重さ yg の関係を表したものである。次の問いに答えなさい。

(1) この針金 2kg の長さは何 m ですか。

(2) この針金 70m の重さは何 kg ですか。

4 次の図の色のついた三角形や四角形の面積を求めなさい。ただし，座標の1目盛りを1cmとする。

(1)
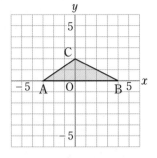

重要 (2)
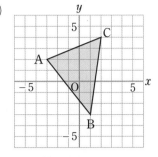

(3)
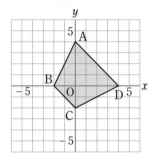

(4)
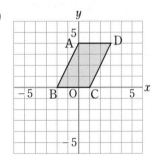

重要 **5** 兄と弟が同時に家を出発し，家から750m離れた学校に行く。弟は毎分50m，兄は毎分75mの速さで歩くとき，そのようすをグラフに表した。次の問いに答えなさい。

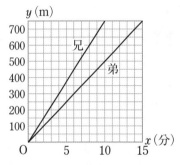

(1) 兄と弟が200m離れるのは，家を出発してから何分後ですか。

(2) 兄が学校に着いたとき，弟は学校まであと何mのところにいますか。

重要 **6** 右の図のように，双曲線と原点を通る直線との交点をそれぞれA，Bとする。点Aのx座標は2，点Bのy座標は4であるとき，直線ABの式と双曲線の式をそれぞれ求めなさい。

〔青森一改〕

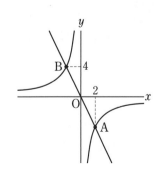

Step A ▷ Step B ▷ Step C

●時　間 35分	●得　点
●合格点 80点	点

解答▶別冊30ページ

1 缶の中に同じくぎが何本か入っている。5本取り出して重さをはかると 14g だった。次の問い に答えなさい。(7点×2)

(1) このくぎ 25 本の重さは何 g ですか。

(2) 缶の中のすべてのくぎの重さをはかると，98g だった。缶の中には何本のくぎが入っていますか。

2 ある仕事を 6 人ですると，12 日かかる。この仕事を 8 日で仕上げるには，何人がこの仕事にかからなければならないですか。(8点)

3 次の図形の面積を求めなさい。ただし，座標の 1 目盛りを 1cm とする。(8点×2)

(1) 3 点 A (4, 5)，B (−4, 3)，C (−1, −3) を頂点とする三角形

(2) 4 点 A (−3, 4)，B (−4, −5)，C (5, −2)，D (4, 2) を頂点とする四角形

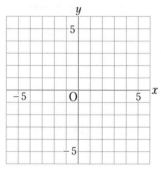

重要 **4** 右のグラフを見て，次の問いに答えなさい。(8点×2)

(1) a の値を求めなさい。

(2) 三角形 PQR の面積を求めなさい。ただし，座標の 1 目盛りは 1cm とする。

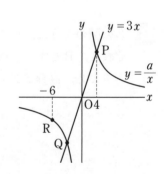

要 5 右の図の四角形ABCDは，AB＝6cm，BC＝10cmの長方形である。点Pは，Bを出発してBC上をCまで進むものとし，Bから$x$cm進んだときの三角形ABPの面積を$y$cm²とする。次の問いに答えなさい。(8点×2)

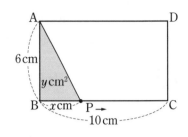

(1) yをxの式で表し，そのときのxの変域も求めなさい。

(2) (1)のときのグラフを，右の図にかきなさい。

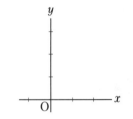

6 インターネット接続業者のA社とB社の1か月あたりの利用料金は，利用時間によって下の表のようになっている。このとき，次の問いに答えなさい。ただし，利用時間は分を単位とし，1分未満は切り上げるものとする。(10点×3)　　〔徳島一改〕

A社	利用時間1分につき4円(基本料金は0円)。
B社	1か月の利用時間が150分以下のときには，500円の基本料金のみ。1か月の利用時間が150分をこえるときには，こえる時間1分につき3円を基本料金に加算。

記述 (1) 1か月に90分利用したとき，その利用料金はA社とB社のどちらが何円高いか，求めなさい。ただし，求め方も書きなさい。

(2) 1か月の利用時間の増加にともなう利用料金の変化のようすをグラフに表したとき，A社，B社にあてはまるものを，それぞれ**ア〜オ**から選びなさい。ただし，横軸は利用時間，縦軸は利用料金を表すものとする。

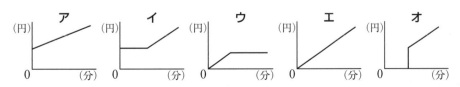

Step **A** 〉 Step **B** 〉 Step **C**-①

●時　間 35分　●得　点
●合格点 70点　　　　　　点

解答▶別冊31ページ

1 次の点は $y = -2x$ のグラフ上にある。□にあてはまる数を求めなさい。(4点×4)

(1) $(3, \square)$

(2) $\left(\dfrac{1}{4}, \square\right)$

(3) $(\square, 8)$

(4) $(\square, -0.64)$

2 次の点は $y = \dfrac{24}{x}$ のグラフ上にある。□にあてはまる数を求めなさい。(4点×4)

(1) $(1, \square)$

(2) $(-4, \square)$

(3) $(\square, 40)$

(4) $\left(\square, -\dfrac{3}{8}\right)$

3 次の問いに答えなさい。(5点×5)

(1) y は x に反比例し，x と y の値が右の表のように対応しているとき，表中の，(ア)，(イ)にあてはまる数を求めなさい。　　〔富山〕

x	$\cdots$	-2	$\cdots$	0	$\cdots$	1	$\cdots$	(イ)	$\cdots$
y	$\cdots$	(ア)	$\cdots$	✕	$\cdots$	18	$\cdots$	6	$\cdots$

(2) 関数 $y = \dfrac{12}{x}$ について，x の変域が $3 \leqq x \leqq 9$ のときの y の変域は $a \leqq y \leqq 4$ である。a の値を求めなさい。　　〔鹿児島〕

重要 (3) $y = \dfrac{a}{x}$ (a は定数) について，x の変域が $2 \leqq x \leqq 6$ のとき，y の変域は $\dfrac{4}{3} \leqq y \leqq b$ である。a, b の値を求めなさい。　　〔熊　本〕

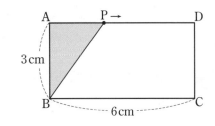

4 右の図のような縦 3cm，横 6cm の長方形 ABCD の辺 AD 上を，点 P が毎秒 1.5cm の速さで D まで動く。点 P が A を出発してから x 秒後の三角形 ABP の面積を $y$cm² とする。次の問いに答えなさい。(5点×3)

(1) y を x の式で表しなさい。

(2) x の変域を書きなさい。

(3) y の変域を書きなさい。

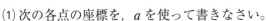

5 右の図において，A，E は $y = 2x$ のグラフ上の点で，四角形 ABCD，EFGH は正方形である。BF = 1 であるとき，B$(a,\ 0)$ として，次の問いに答えなさい。ただし，$a > 0$ とする。(5点×4)　〔東北学院榴ヶ岡高〕

(1) 次の各点の座標を，a を使って書きなさい。
　①点 D　　　　②点 E　　　　③点 H

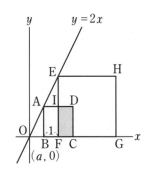

(2) $a = \dfrac{2}{3}$ のとき，長方形 FCDI の面積を求めなさい。

6 右の図のように，点 A を通る関数 $y = \dfrac{1}{2}x$ のグラフと関数 $y = 2x$ のグラフがある。点 A を通り x 軸に垂直な直線と，関数 $y = 2x$ のグラフとの交点を B，点 B を通り y 軸に垂直な直線と，関数 $y = \dfrac{1}{2}x$ のグラフとの交点を C とする。点 A の x 座標が 1 のとき，三角形 BOC の面積は三角形 ABO の面積の 4 倍となる。このわけを，説明しなさい。(8点)　〔広島一改〕

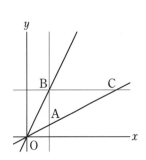

Step A ⟩ Step B ⟩ Step C-②

●時 間 35分　●得 点
●合格点 70点　　　　　点

解答▶別冊32ページ

1 次の(1)〜(7)のグラフは，右の図の**ア〜キ**のどれですか。 (5点×7)

(1) $y = 2x$ (2) $y = \dfrac{1}{2}x$ (3) $y = \dfrac{3}{4}x$

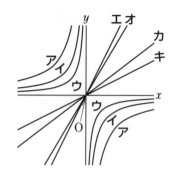

(4) $y = \dfrac{5}{3}x$ (5) $y = -\dfrac{2}{x}$ (6) $y = -\dfrac{1}{x}$

(7) $y = -\dfrac{4}{x}$

2 右の図のように，関数 $y = 2x$ のグラフ上の点 P を通り y 軸に平行な直線をひき，関数 $y = \dfrac{3}{4}x$ のグラフとの交点を Q とする。点 P の x 座標は正であるものとして，次の問いに答えなさい。

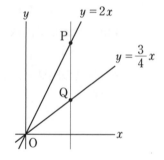

(7点×2)

(1) 点 P の x 座標が 8 のとき，PQ の長さを求めなさい。

(2) PQ = 15 のとき，点 P の座標を求めなさい。

重要 **3** 右の図のように，$y = \dfrac{4}{3}x \cdots ①$，$y = \dfrac{a}{x}$ ($x > 0$，a は定数) $\cdots ②$ のグラフがあり，その交点の x 座標は 3 である。

このとき，a の値を求めると，$a = \boxed{}$ である。また，②のグラフ上にあり，x 座標と y 座標がともに自然数である点の個数は，$\boxed{}$ 個である。

ア，イにあてはまる数を求めなさい。 (7点×2) 〔熊 本〕

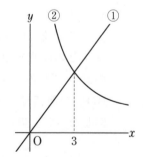

4 右の図において，①は関数 $y = ax$，②は関数 $y = \dfrac{18}{x}$ のグラフである。点Aは①と②の交点で，その y 座標は6である。このとき，次の問いに答えなさい。(7点×3)　　　　　　　　〔高知一改〕

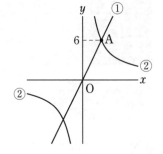

(1) 点Aの座標を求めなさい。

(2) 定数 a の値を求めなさい。

(3) ②のグラフ上の点で，x 座標と y 座標がともに整数となる点は全部で何個ありますか。

5 大小2つのさいころを投げ，大きいさいころの目の数を a，小さいさいころの目の数を b とするとき，それぞれを x 座標，y 座標とする点 (a, b) をとる。このようにして決まる36個の点のうち，図の点 $(1, 1)$ のように，反比例 $y = \dfrac{6}{x}(x > 0)$ のグラフよりも下側にある点は，点 $(1, 1)$ を含めて何個あるか答えなさい。
ただし，グラフ上の点はふくまないものとする。(8点)　　〔鳥　取〕

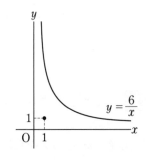

6 右の図において，m は関数 $y = \dfrac{a}{x}$（a は正の定数）のグラフを表し，ℓ は関数 $y = bx$（b は正の定数）のグラフを表す。Pは m と ℓ との交点であり，その x 座標は正である。Qは y 軸上の点であり，その y 座標は a である。Qの y 座標はPの y 座標より大きい。下のア〜エのうち，次の文中の □ に入れるのに適しているものを1つ選び，記号を書きなさい。(8点)　　　　　　　〔大　阪〕

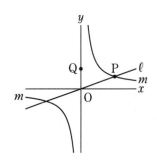

$a - b$ の値は，□。

ア 正である　　**イ** 負である　　**ウ** 0である　　**エ** 正，負，0のいずれの場合もある

16 図形の移動

Step A ▶ Step B ▶ Step C

解答▶別冊33ページ

1 右の図のように，平面上に4点A，B，C，Dがある。このとき，次の問いに答えなさい。

(1) 2点を通る直線のうち，点Aを通る直線は何本できますか。

(2) 2点を通る直線は何本できますか。

(3) 点Aを通って，直線CDに平行な直線は何本できますか。

重要 2 同じ平面上にある3直線 ℓ，m，n の位置関係について，次の◻︎にあてはまる記号を書きなさい。

(1) $\ell /\!/ m$，$m /\!/ n$ ならば，ℓ ◻︎ n

(2) $\ell \perp m$，$\ell /\!/ n$ ならば，m ◻︎ n

(3) $\ell \perp m$，$\ell \perp n$ ならば，m ◻︎ n

3 右の図について，次の問いに答えなさい。

(1) 点Aが点 A′ にくるように，四角形ABCDを平行移動して，四角形 A′B′C′D′ をつくりなさい。

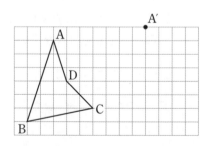

(2) (1)の結果，BCと B′C′ との関係を式に表しなさい。

4 下の図について，次の三角形をかきなさい。

(1) △ABCを，辺ACを対称の軸として，対称移動した三角形

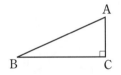

(2) △ABCを，頂点Cが対称の中心になるように，点対称移動させた三角形

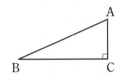

5 右の図は，△ABCを回転移動して，△A′B′C′に移したものである。このとき，次の問いに答えなさい。

(1) 回転の中心Oを図にかき入れなさい。

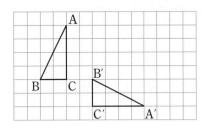

(2) △A′B′C′は，その点を中心に時計まわりに何度回転させたものですか。

6 右の図について，次の問いに答えなさい。

(1) 五角形ABCDEを，直線ℓについて対称移動させなさい。

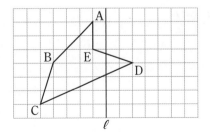

(2) 点Cをℓについて対称な点C′に移すとき，CC′とℓとの関係をいいなさい。

✔ チェックポイント

図形の移動

① 平行移動

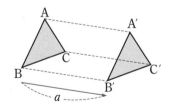

② 回転移動

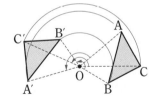

③ 対称移動

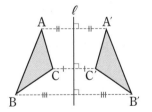

Step **A** 〉 Step **B** 〉 Step **C**

●時　間 35分　●得　点
●合格点 80点　　　　　点

解答▶別冊33ページ

1 右の図のように，方眼上に２本の直線 ℓ，m と７個の点 A〜G がある。次の□□にあてはまる直線や点を，文字A〜Gを使って答えなさい。(7点×4)

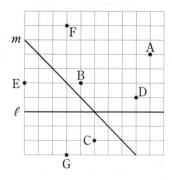

(1) ℓ // □□，ℓ ⊥ □□

(2) m // □□，m ⊥ □□

(3) 直線 ℓ との距離が最も短い点は□□であり，最も長い点は□□です。

(4) 直線 m との距離が最も短い点は□□であり，最も長い点は□□です。

2 右の△ A′B′C′ は，△ ABC を回転移動したもので，AB//A′B′ である。このときの回転の中心Oを求めなさい。(7点)

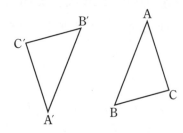

3 右の図のように，長方形 ABCD の紙を線分 EF を折り目として，折り返したもので，G は頂点 A が移った点である。次の問いに答えなさい。(7点×2)

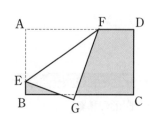

(1) 三角形 EFG はどの図形をどのように移動させたものですか。

(2) ∠ AFE＝35°のとき，∠ FEG は何度ですか。

4 右の図について, 次の問いに答えなさい。(7点×2)

(1) △ABCを, 直線ℓを対称の軸として対称移動して△A′B′C′とし, さらに直線mを対称の軸として対称移動した△A″B″C″をかきなさい。

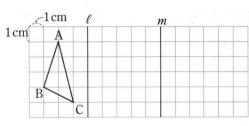

記述
(2) (1)の△ABCを1回の移動で, △A″B″C″に重ねるには, どのような移動をどれだけすればよいですか。

5 右の図は, AC＝BC＝DC, AC⊥BDである。次の問いに答えなさい。(7点×3)

記述
(1) △ABCを時計まわりに回転移動し△DACに重ねるには, どの点を中心として, どれだけ回転すればよいですか。

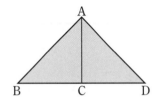

(2) (1)のとき, 点Bの対応する点はどれですか。

(3) △ABCを対称移動によって△ADCに重ねるには, どの線分を折り目にして折ればよいですか。

重要
6 右の図のように8個の合同な直角三角形がある。次の問いに答えなさい。(8点×2)

(1) アを対称移動だけで重ねることができる図形を記号ですべて答えなさい。

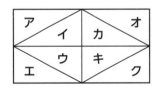

記述
(2) エからアまで2回の移動で重ねたい。どのように移動を組み合わせたらよいですか。

17 いろいろな作図

Step A ＞ Step B ＞ Step C

解答▶別冊34ページ

（作図には定規とコンパスを用い，作図に用いた線は消さないでおくこと。）

1 次の問いに答えなさい。

(1) 線分 AB の垂直二等分線を作図しなさい。 　　(2) ∠AOB の二等分線を作図しなさい。

A ——————— B

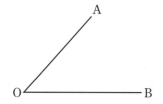

2 右の図のような△ABC がある。

このとき，次の問いに答えなさい。

(1) 頂点Aから辺BCにひいた垂線を作図しなさい。

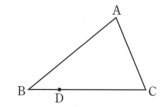

(2) 辺BC 上の点Dを通る BC の垂線を作図しなさい。

3 下の線分OB の上側に次の半直線を作図しなさい。

(1) ∠AOB＝90° となる半直線OA 　　(2) ∠AOB＝30° となる半直線OA

O ——————— B 　　　　　　　　　　O ——————— B

要 **4** 右の図で，3点A，B，Cから等しい距離にある点Pを，作図して求めなさい。

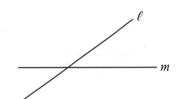

5 右の図で，直線 ℓ と m から等しい距離にある点はどんな線上にあるか，その線を作図によって求めなさい。

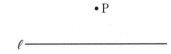

6 点Pを中心とし，直線 ℓ に接する円を作図しなさい。

〔山 口〕

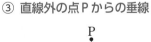

重要 **7** 右の図で，直線 ℓ 上に点Cをとって，AC＋BC の長さが最小になるには，どこに点Cをとればよいですか。作図によって求めなさい。

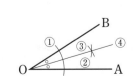

☑ チェックポイント

基本の作図

① 線分 AB の垂直二等分線　② ∠AOB の二等分線　③ 直線外の点Pからの垂線

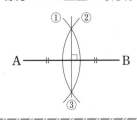

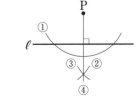

Step **A** 〉 Step **B** 〉 Step **C**

●時　間 35分　●得　点
●合格点 80点　　　　　点

解答▶別冊35ページ

1 次の点を作図しなさい。(9点×2)

(1) 線分 AB の4等分点C，D，E
（Aに近いほうから順にC，D，Eとする。）

(2) 点 A で直線 ℓ に接し，点Bを通る円の中心 O

2 次の問いに答えなさい。(9点×2)

(1) 下の△ ABC の3つの頂点 A，B，C を通る円 O を作図しなさい。

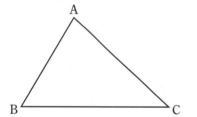

(2) 下の△ ABC の3つの辺から等しい距離にある点Iを作図しなさい。

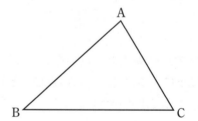

3 次の正多角形を，円を利用して作図しなさい。(9点×3)

(1) 正方形

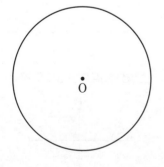

(2) 正八角形

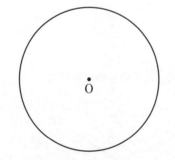

(3) 正六角形

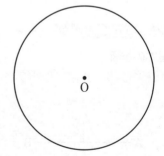

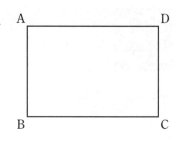

要 **4** 右の図の長方形ABCDを，頂点Dを通る直線を折り目として折り返し，点Aが辺BC上にくるようにしたい。折り目の直線を作図によって求めなさい。

(9点)

5 平らなキャンプ場で，4つのグループが，それぞれ地点A，B，C，Pにテントを張った。4つの地点A，B，C，Pの間には，下の【関係】の①，②が成り立っていた。右の図は，キャンプ場を真上から見たときの地点A，B，Cの位置を示したものである。

【関係】をもとに，定規とコンパスを使って，図にPの位置を作図しなさい。ただし，作図に使った線は残しておくこと。(10点) 〔山 形〕

> 【関係】
> ①地点Pと地点Aとの距離は，地点Pと地点Bとの距離と同じだった。
> ②∠PCBの大きさは，90°だった。

重要 **6** 次の問いに答えなさい。(9点×2)

(1) 右の図は，線分ABをある1つの直線を軸として対称移動させて，A′B′に移したものである。対称の軸を作図で求めなさい。

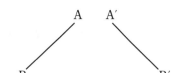

(2) 右の図は，線分ABをある1点を中心にして回転移動させて，A′B′に移したものである。回転の中心Oを作図で求めなさい。

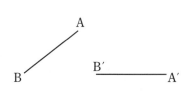

18 おうぎ形

Step A 〉 Step B 〉 Step C

解答▶別冊36ページ

1 右の図のように，円Oの中心のまわりの角360°を5等分する半径を
ひいて，正五角形ABCDEをかいた。次の問いに答えなさい。

(1) 弧CDと長さの等しい弧をすべていいなさい。

(2) 弦CDと長さの等しい弦をすべていいなさい。

(3) おうぎ形OACの中心角は何度ですか。

2 次の問いに答えなさい。

(1) 半径4cmで，中心角が90°のおうぎ形の弧の長さを求めなさい。

(2) 半径3cmで，中心角が120°のおうぎ形の周の長さを求めなさい。

(3) 半径5cmで，中心角が144°のおうぎ形の面積を求めなさい。

(4) 直径8cmで，中心角が45°のおうぎ形の面積を求めなさい。

重要 3 次のようなおうぎ形の弧の長さと面積を求めなさい。

(1)

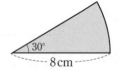

30°
8cm

(2)

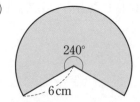

240°
6cm

4 右の図の円 O で，∠BOC は∠AOB の 3 倍である。$\overset{\frown}{AB}=3\,cm$ のとき，$\overset{\frown}{AC}$ の長さを求めなさい。

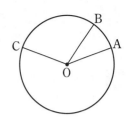

要 **5** 次の問いに答えなさい。

(1) 半径が 3cm で，面積が $7\pi\,cm^2$ であるおうぎ形の中心角を求めなさい。

(2) 中心角が $90°$ で，弧の長さが $4\pi\,cm$ のおうぎ形の半径を求めなさい。

(3) 半径が 9cm で，中心角が $120°$ のおうぎ形の弧の長さと，ある円の円周が等しい。この円の半径を求めなさい。

(4) 半径が 4cm の円と面積が等しい，半径が 6cm のおうぎ形がある。このおうぎ形の中心角を求めなさい。

6 次の図の色のついた部分の周の長さと面積を求めなさい。

(1)

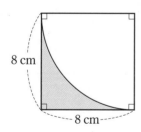

(2)

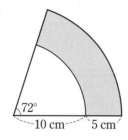

✓ **チェックポイント**

おうぎ形の弧の長さ ℓ と面積 S

$$\ell = 2\pi r \times \frac{x}{360} \qquad S = \pi r^2 \times \frac{x}{360} \qquad S = \frac{1}{2}\ell r$$

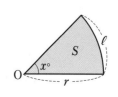

1 右の図の円Ｏで $\overset{\frown}{AB} : \overset{\frown}{BC} : \overset{\frown}{CA} = 1 : 3 : 5$ のとき，次の
問いに答えなさい。(7点×3)

(1) ∠AOB の大きさを求めなさい。

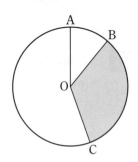

(2) ＯＡ＝6cm のとき，おうぎ形ＢＯＣの面積を求めなさい。

(3) ＯＡ＝6cm のとき，$\overset{\frown}{CA}$ の長さを求めなさい。

2 次の図で，色のついた部分の周の長さと面積を求めなさい。(7点×4)

(1)

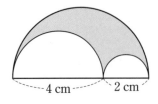

(2)

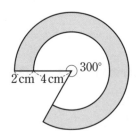

(3)

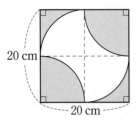

(4)

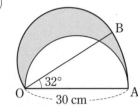

中心角 32°のおうぎ形ＯＡＢ
と2つの半円を組み合わせ
た図形

3 右の図のように，正三角形 ABC があり，辺 AB は直線 ℓ 上にある。いま，正三角形 ABC を，同じ平面上で，矢印の向きに頂点 A が再び直線 ℓ 上にくるまで，すべることなく直線 ℓ 上を転がす。このとき，次の問いに答えなさい。(7点×2)

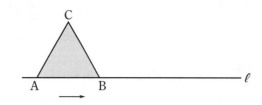

(1) 頂点 A のえがく曲線を図にかき入れなさい。

(2) AB＝10cm のとき，頂点 A がえがく線の長さは何 cm ですか。

4 右の図の曲線は，1 辺が 2cm の正三角形 ABC の各頂点を中心とする円弧（えんこ）をつないだ，渦巻き線（うずま）の一部である。次の問いに答えなさい。(7点×3)　〔帝塚山高一改〕

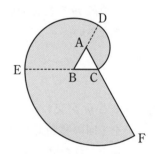

(1) 線分 CF は何 cm になりますか。

(2) 渦巻き線 CDEF の長さを求めなさい。

(3) 色のついた部分の面積を求めなさい。

5 次の条件に合うおうぎ形を，コンパスと定規を使って下の図に作図しなさい。(8点×2)
(1) ∠ABC＝135° となるおうぎ形 ABC　　　(2) ∠ABC＝105° となるおうぎ形 ABC

Step A 〉 Step B 〉 Step C-①

●時 間 35分	●得 点
●合格点 70点	点

解答▶別冊38ページ

1 同一平面上の4つの直線 ℓ, m, n, p について，次の問いに答えなさい。(7点×2)

(1) $\ell /\!/ m$, $m /\!/ n$, $n /\!/ p$ であるとき，ℓ と p の関係を記号を用いて表しなさい。

(2) $\ell \perp m$, $m /\!/ n$, $n /\!/ p$ であるとき，ℓ と p の関係を記号を用いて表しなさい。

重要 **2** 右の図について，次の問いに答えなさい。(7点×2)

(1) 2つの対称の軸 ℓ, m が平行でないとき，△ABC を直線 ℓ を対称の軸として対称移動して△A′B′C′ とし，さらに直線 m を対称の軸として対称移動して△A″B″C″ をかきなさい。

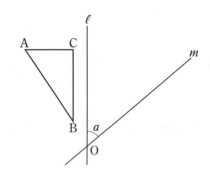

記述 (2) ℓ と m が交わって，その角を∠a とするとき，△ABC を1回の移動で△A″B″C″ に重ねるには，どのような移動をどれだけすればよいですか。

3 右の図のように，直線 ℓ の右側に点 A がある。この点 A を頂点の1つとする正方形をつくりたい。その対角線の1つが直線 ℓ に重なる正方形を作図しなさい。(8点) 〔大 分〕

4 右の図は，長方形 ABCD において，対角線 AC をひいたものである。次の**条件**を満たす長方形を作図しなさい。(8点)〔千 葉〕

条件 1本の対角線が，長方形 ABCD の対角線 AC と共通でもう1本の対角線が，辺 AD に垂直である。

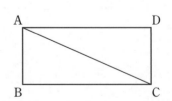

5 右の図は1辺が10cmの正方形である。次の問いに答えなさい。

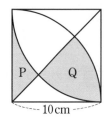

(8点×2)〔真颯館高〕

(1) 色のついたPの部分の面積を求めなさい。

(2) 色のついたQの部分の面積を求めなさい。

6 次の図の色のついた部分の面積を求めなさい。(8点×4)

(1)

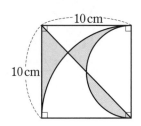

(2)

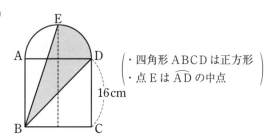

・四角形 ABCD は正方形
・点Eは $\overset{\frown}{AD}$ の中点

(3)

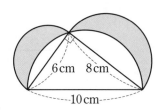

(4)

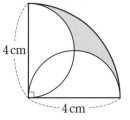

7 右の図のように,縦4cm,横9cmの長方形ABCDと,半径1cmの円Oがある。円Oが長方形の外側を辺にそって1周するとき,円Oの中心がえがく線の長さを求めなさい。(8点)

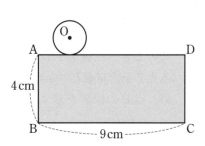

Step A ⟩ Step B ⟩ Step C-②

●時　間 35分　●得　点
●合格点 70点　　　　点

解答▶別冊40ページ

1 次の図の PA, PB は円Oの接線で, A, B はそれぞれの接点である。∠x の大きさを求めなさい。

(8点×2)

(1)

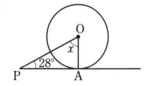

(2)

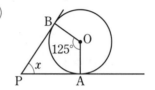

2 右の図は, △ABC を点Oを中心として 60°だけ回転移動して, △DEF の位置に移したことを示している。次の問いに答えなさい。(8点×2)

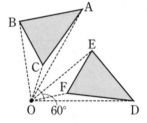

(1) ∠AOD に等しい角をすべて求めなさい。

(2) ∠BOC に等しい角はどれですか。

3 右の図のように, 直線上に2点A, Bがある。∠ABC=90°, BC=$\frac{1}{2}$AB となる点Cを, 定規とコンパスを使って1つ作図しなさい。(8点)　　　〔鹿児島〕

4 右の図で, 点Aと点Bは直線 ℓ 上にある異なる点で, 点Cは直線 ℓ 上にない点であり, AB > BC である。このとき, 直線 ℓ 上にあり, AP=CB+BP となる点Pを, 定規とコンパスを用いて作図によって求め, 点Pの位置を示す文字Pも書きなさい。(8点)

〔東　京〕

5 右の図のような円Oと線分 AB がある。円Oの周上にあって，
△PAB の面積が最大となる点Pを作図しなさい。(8点)〔愛　媛〕

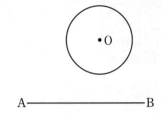

6 ∠B＝60°，AB＝3，BC＝4 となる△ABC を作図しなさい。
なお，線分の長さは下の線分 PQ の長さを 2 として作図しな
さい。(8点)　　　　　　　　　　　　　　〔お茶の水女子大附高〕

7 次の図は，(1) では 1 辺 2cm の正方形，(2) では 1 辺 6cm の正六角形で，1 つの頂点に糸 PQ
をとりつけ，ぴんと張ったまま，それぞれの図形に巻きつけたようすを表している。このとき，
糸が動いた部分(色のついた部分)の面積を求めなさい。ただし，正六角形の 1 つの角の大きさ
は 120° である。(9点×2)

(1)　　　　　　　　　　　　　　　　　(2)

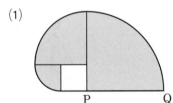
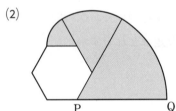

8 下の図は，半径 2cm，中心角 90° のおうぎ形 OAB が，すべらないように直線 XY 上を転がり，
1 回転しておうぎ形 O′A′B′ の位置にきたことを示している。このとき，次の問いに答えなさ
い。(9点×2)　　　　　　　　　　　　　　　　　　　　　　　　　　　　〔鳥取一改〕

(1) 点Oがえがいた線を作図しなさい。

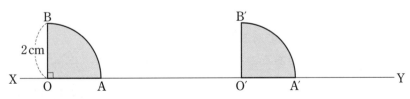

(2) (1)でえがいた線の長さを求めなさい。

19 直線や平面の位置関係

 Step A 〉 Step B 〉 Step C

解答▶別冊41ページ

重要 1 右の直方体 ABCD–EFGH について，次の問いに答えなさい。

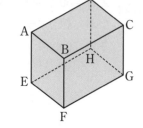

(1) 辺 AB について，次の面や辺をすべていいなさい。

　　①平行な面

　　②垂直な辺

　　③ねじれの位置にある辺

(2) 平面 ABCD に垂直な辺をすべていいなさい。

2 右の図の正四角錐について，次の問いに答えなさい。

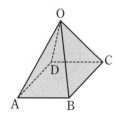

(1) 辺 BC と平行な辺はどれですか。

(2) 辺 AB と垂直な辺をすべていいなさい。

(3) 辺 OD とねじれの位置にある辺をすべていいなさい。

記述 3 右の図のように，2 つの平面 P，Q が平行であるとき，この 2 平面
と交わる平面 R との交線 ℓ，m は平行であることを説明しなさい。

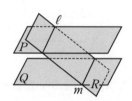

要 4 次の事がらのうち,つねに成り立つものは○印を,成り立たないものは×印をつけなさい。(ℓ, m は異なる2直線で,Pは平面である。)

(1) ℓ, m はP上になくて,$\ell /\!/ P$,$m /\!/ P$ ならば $\ell /\!/ m$ である。

(2) ℓ, m はP上になくて,$\ell \perp P$,$m \perp P$ ならば $\ell /\!/ m$ である。

(3) ℓ はP上にあり,m はP上になくて,$P /\!/ m$ ならば $\ell /\!/ m$ である。

(4) ℓ, m はPと交わっていて,$\ell /\!/ m$,$\ell \perp P$ ならば $m \perp P$ である。

(5) ℓ, m はP上になくて,$\ell \perp m$,$m /\!/ P$ ならば $\ell /\!/ P$ である。

(6) ℓ, m がねじれの位置にあり,Pが ℓ をふくむと $m /\!/ P$ である。

5 直方体 ABCD–EFGH を1つの平面PQRSで切ったら,図のような立体が残った。残った立体について,次の問いに答えなさい。

(1) 辺PDと平行な平面をすべていいなさい。

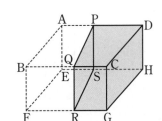

(2) 辺CGと垂直に交わっている辺をすべていいなさい。

(3) 辺PSとねじれの位置にある辺をすべていいなさい。

(4) 辺QCと平行な辺をすべていいなさい。

✓チェックポイント

2直線の位置関係

$\left\{\begin{array}{l}\text{交わる}\cdots\cdots\cdots\cdots\cdots\cdots\cdots\cdots\cdots\cdots\cdots \left.\vphantom{\begin{array}{l}a\\b\\c\end{array}}\right\}\text{同じ平面上にある}\\ \text{交わらない}\left\{\begin{array}{l}\text{平行である}\cdots\cdots\cdots\cdots\\ \text{ねじれの位置にある}\cdots\text{同じ平面上にない}\end{array}\right.\end{array}\right.$

同じ平面上にある　同じ平面上にない

交わる　平行　ねじれの位置

交わらない

20 立体のいろいろな見方

解答▶別冊41ページ

1 次の立体は，それぞれどんな図形をどのように動かした立体とみることができますか。

(1)
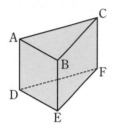

(2)
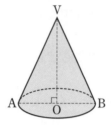

(3)
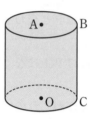

2 次の平面図形を直線 ℓ を軸として1回転させると，どんな立体ができますか。

(1) 長方形
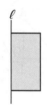

(2) 半円

(3) 直角三角形

3 下の図で，(1)〜(6)の展開図を組み立てると，どんな図形ができますか。**ア〜カ**の中から選んで記号で答えなさい。

(1)
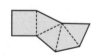

(2)

(3)

ア　三角柱
イ　四角柱
ウ　円柱
エ　三角錐 (さんかくすい)
オ　四角錐
カ　円錐

(4)

(5)

(6)

4 下の投影図は，それぞれどんな立体を表していますか。その立体の名称を答えなさい。

(1)
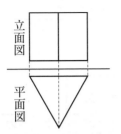
立面図
平面図

(2)
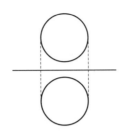

(3)
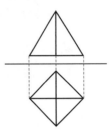

重要 **5** 右の図は，立方体の展開図である。この展開図を組み立てて立方体をつくるとき，次の問いに答えなさい。

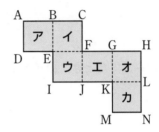

(1) イの面と平行になる面を答えなさい。

(2) 辺 AB と重なる辺を答えなさい。

(3) 点 I と重なる点を答えなさい。

6 右の図のように，立方体 ABCD － EFGH の面上に対角線 AF，FC，CA をかくとき，これらの対角線は展開図ではどうなりますか。右側の図にかき入れなさい。

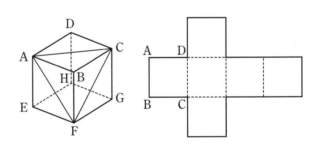

✓ チェックポイント

① 投影図

立体を正面から見た形をかいた図を**立面図**といい，真上から見た形をかいた図を**平面図**という。

立面図と平面図を合わせて**投影図**という。

② 展開図…立体の各面を１つの平面の上に切り開いた図。

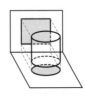
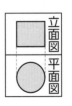

Step A ▶ Step B ▶ Step C

●時　間 35分　●得　点
●合格点 80点　　　　点

解答▶別冊42ページ

1 右の図を見て，次の問いに答えなさい。(7点×3)

(1)組み立てると，何という立体ができますか。

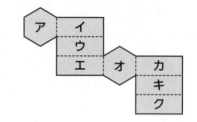

(2)底面になる面はどれですか。

(3)組み立てたとき，面**イ**と平行になる面はどれですか。

重要 **2** 右の図は，ある立体の展開図である。この展開図を組み立てて
できる立体について，次の問いに答えなさい。(8点×3)

(1)この展開図を組み立ててできる立体を何といいますか。

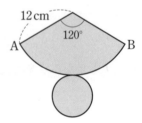

(2)おうぎ形の $\overset{\frown}{AB}$ の長さは何 cm ですか。

(3)底面の円の半径は何 cm ですか。

3 五面体，五角柱，五角錐，立方体の4種類の立体は，それぞれいくつかの平面で囲まれてでき
たものである。この4種類の立体のうち，面の数が最も多いものを，次の**ア～エ**から1つ選び，
その記号を書きなさい。(7点)　　　　　　　　　　　　　　　　　　　　　　　　　　　　〔高　知〕

ア 五面体　　**イ** 五角柱　　**ウ** 五角錐　　**エ** 立方体

4 右の展開図を組み立てて立体をつくるとき，次の問いに答えなさい。(8点×3)

(1) 点Hと重なる点をいいなさい。

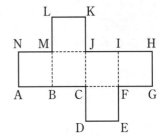

(2) 辺 AB と重なる辺をいいなさい。

(3) 2つの辺をくっつけるのに，テープが1枚いるとすると，テープは全部で何枚必要ですか。

5 底面の円の直径が4cm，母線の長さが12cmの円錐がある。右の図のように，この円錐を頂点 O を中心として平面上をすべることなく転がした。円錐が点線で示した円の上を1周してもとの位置にかえるまでに何回転するか求めなさい。(8点) 〔青 森〕

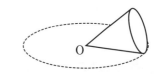

6 右の図1は，1辺の長さが2cmの正八面体である。また，図2は，図1の正八面体の展開図を破線で示したものに，図1の辺 AB を実線でかき入れたものである。このとき，図1でABと平行な辺は，図2ではどの線分になりますか。図2に実線でかき入れなさい。(8点)

〔岩手一改〕

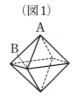

(図1)

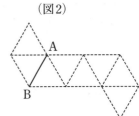

(図2)

7 次の立方体の展開図の中に，線分 AP，PQ，QF をかき入れなさい。ただし，点P，Qは辺 CD，GH の中点である。(8点)

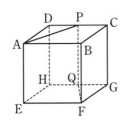

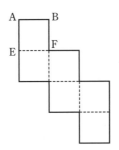

21 立体の表面積と体積

Step A 〉 Step B 〉 Step C

解答▶別冊42ページ

1 右の図の立体について，次の問いに答えなさい。

(1) 六角柱の体積を求めなさい。

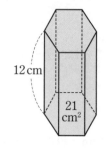
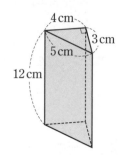

(2) 三角柱の表面積と体積を求めなさい。

2 次の問いに答えなさい。

(1) 半径4cmで高さ8cmの円柱の体積と表面積を求めなさい。

(2) 底面が1辺3cmの正方形で，高さが6cmの四角錐（しかくすい）の体積を求めなさい。

(3) 底面積が40cm² の五角形で，体積が80cm³ の五角錐の高さを求めなさい。

(4) 半径2cmで高さ9cmの円錐の体積を求めなさい。

重要 **3** 底面の半径4cm，高さ27cmの円柱状の容器に水がいっぱい入っている。この水を底面の半径6cmの円柱状の容器に移し変えると，水の深さは何cmになりますか。

要 **4** 次の立体の表面積と体積をそれぞれ求めなさい。

(1)

(2)

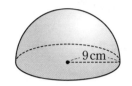

5 底面の半径が 3cm，母線の長さが 10cm である円錐の表面積を求めなさい。

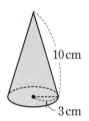

6 右の図の正四角錐の表面積を求めなさい。

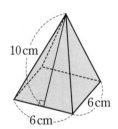

重要 **7** 右の図の円錐について，次の問いに答えなさい。

(1) 表面積を求めなさい。

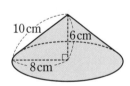

(2) 展開図のおうぎ形の中心角の大きさを求めなさい。

☑ チェックポイント

① 角錐，円錐の体積

　角錐，円錐の底面積を S，高さを h，体積を V とすると，$V = \dfrac{1}{3} Sh$

② 球の表面積と体積

　半径 r の球の表面積を S，体積を V とすると，$S = 4\pi r^2$　　$V = \dfrac{4}{3}\pi r^3$

1 次の立体の体積を求めなさい。(6点×3)

(1)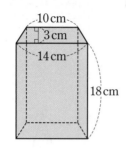

(2)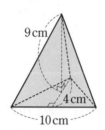

(3)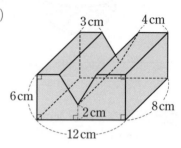

2 次の立体の表面積を求めなさい。(6点×3)

(1)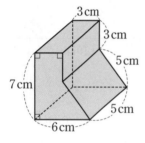

(2)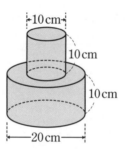

(3)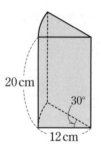

重要 **3** 下の図で，それぞれ ℓ を軸として回転してできる立体の体積を求めなさい。(6点×3)

(1)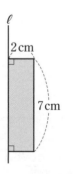

(2)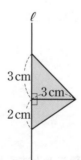

(3)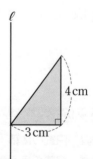

4 展開図が右の図のようになる円錐について，次の問いに答えなさい。(6点×2)

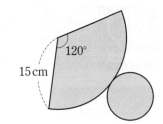

(1) 底面の半径を求めなさい。

(2) 表面積を求めなさい。

5 右の図のような円錐台があります。(6点×2)

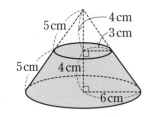

(1) 表面積を求めなさい。

(2) 体積を求めなさい。

6 AB＝6cm，AD＝4cm，AE＝3cm の直方体 ABCD－EFGH がある。いま，この直方体の辺 AB 上に点 P をとったところ，三角錐 B－PFC の体積が，もとの直方体の体積の 8 分の 1 になった。このとき，BP の長さを求めなさい。(6点) 〔埼玉〕

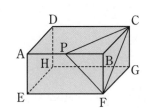

7 右の図のような，半球と円錐を組み合わせた立体について，次の問いに答えなさい。(8点×2)

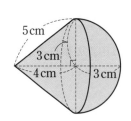

(1) 体積を求めなさい。

(2) 表面積を求めなさい。

立体の切断

Step A 〉 Step B 〉 Step C

解答▶別冊44ページ

重要 1 右の図の立方体を，次の平面で切ると，その切り口は
どんな図形になりますか。

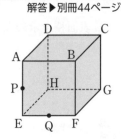

(1) 3点A，C，Fを通る平面

(2) 3点B，D，Pを通る平面

(3) 3点B，D，Fを通る平面

(4) 3点B，D，Qを通る平面

2 円錐について，次の問いに答えなさい。

(1) 底面に平行な平面で切ると，切り口はどんな図形になりますか。

(2) 円錐の頂点を通り，底面に垂直な平面で切ると，その切り口はどんな図形になりますか。

3 右の図の立方体を，頂点Bと頂点Dと辺
FGの中点を通る平面で切る。そのときの
切り口の図形の辺を展開図にかきなさい。

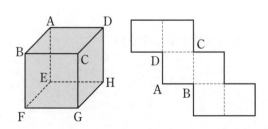

4 回転体を軸に垂直な平面で切ったときの切り口は，どんな図形ですか。

5 次の図は，直方体や円柱を1つの平面で切断してできた立体である。それぞれの体積を求めなさい。

(1)

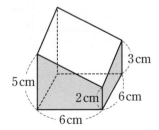

5cm
3cm
2cm
6cm
6cm

(2)

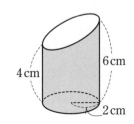

6cm
4cm
2cm

重要 **6** 右の図のような，1辺6cmの立方体 ABCD−EFGH がある。辺 FG 上に FP＝4cm となる点Pをとり，この立体を3点A，B，P を通る平面で2つに切ったとき，小さい方の立体の体積は何 cm³ ですか。 〔新 潟〕

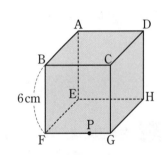

7 半径6cmの球を右の図のように切り取ったときの表面積と体積を求めなさい。 〔東海大付属浦安高一改〕

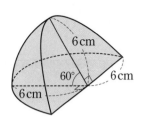

6cm
60°
6cm
6cm

✓**チェックポイント**

立体の切り口の求め方

① 同じ面にある2点は直線で結ぶ。

② 平行な面に切り口ができる場合，それぞれの面にできる切り口の線が平行になるようにひく。

③ すべての切り口の線が立体の表面上を通るように，直線で結ぶ。

Step A 〉Step B 〉Step C

●時 間 35分　　●得 点

●合格点 80点　　　　　　　点

解答▶別冊45ページ

1 右の図の立方体を，次の平面で切るとき，切り口はどんな図形に
なりますか。(7点×4)

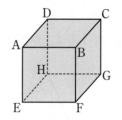

(1) 頂点A，F，Dを通る平面

(2) 底面に平行な平面

(3) 頂点A，Cと辺BF上の点を通る平面(B，Fは除く)

(4) 頂点F，辺AD，DCの辺上の点を通る平面(A，C，Dは除く)

2 右の図のような正三角柱を，平面CDEで切るとき，次の問いに答えな
さい。(8点×3)

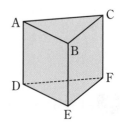

(1) 切り口を図にかき入れなさい。また，切り口はどんな形ですか。

(2) 切ってできた2つの立体は，それぞれどんな形ですか。

(3) 右の展開図の( )にあてはまる頂点の記号を入れなさい。また，
展開図に，切り口の線をかき入れなさい。

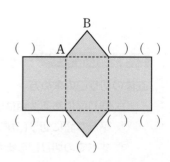

3 右の図は1辺が6cmの立方体である。次の問いに答えなさい。(8点×2)

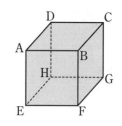

(1) 3点B，D，Eを通る平面で切ったとき，点Aをふくむ方の立体の体積を求めなさい。

(2) (1)のとき，点Aをふくむ立体と点Aをふくまない立体の表面積の差を求めなさい。

4 右の図はAD＝AE＝4cm，AB＝12cmの直方体である。AP＝4cm，DS＝6cm，EQ＝5cmです。次の問いに答えなさい。(8点×3)

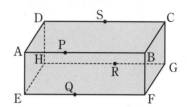

(1) 3点C，F，Pを通る平面で切ったとき，頂点Aをふくむ立体の体積を求めなさい。

(2) 3点P，Q，Sを通る平面で切ったとき，切断面は点Rを通ります。HRは何cmですか。

(3) (2)のとき，頂点Aをふくむ立体の体積を求めなさい。

5 右の図のように，底面が1辺4cmの正三角形で，高さが6cmの三角柱ABC−DEFがある。L，Mは，それぞれ辺BE，CF上の点でBL＝3cm，CM＝2cmである。3点A，L，Mを通る平面でこの三角柱を切って2つの立体に分けたとき，頂点Bをふくむ立体の体積は，もとの三角柱の体積の何倍ですか。(8点) 〔愛 媛〕

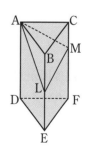

Step A 〉 Step B 〉 Step C-①

●時 間 35分	●得 点
●合格点 70点	点

解答▶別冊46ページ

重要 **1** 右の図は1辺が6cmの立方体である。点PとQはそれぞれの辺の中点である。次の問いに答えなさい。(8点×3)

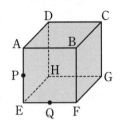

(1) 3点P，Q，Hを通る平面で切ったとき，点Eをふくむ立体の体積を求めなさい。

(2) (1)の立体の表面積を求めなさい。

(3) 3点D，P，Qを通る平面で切ったとき，点Eをふくむ立体とふくまない立体の表面積の差を求めなさい。

2 下の図は，ある立体の投影図で，立面図の直線ℓは，立体を切っている平面を示している。それぞれの切り口の図形の名まえを答えなさい。(9点×3)

(1)

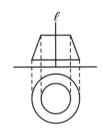

(2)

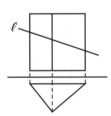

(3)

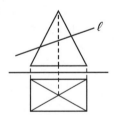

3 展開図が右の図のようになる正多面体には，頂点，辺がそれぞれいくつありますか。(9点) 〔比治山女子高一改〕

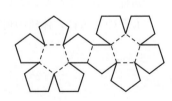

4 正八面体がある。この正八面体の6つの頂点のうちの1つを選び、その頂点に集まった4つの面にアルファベットのAのマーク（A）を1つずつ，右の図1のように書いた。

この正八面体の展開図をかく。図2の展開図に残りの3つのAのマークを正しい向きにかき入れなさい。(10点)　〔埼玉〕

（図1）
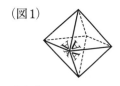

（図2）
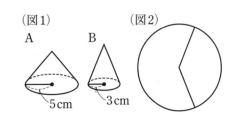

5 図1のように，底面の半径がそれぞれ5cm，3cmである2つの円錐A，Bがある。それぞれの円錐の側面の展開図を同じ平面上で重ならないようにして合わせると，図2のような円ができた。

このとき，円錐Aの側面積を求めなさい。(10点)

〔山口〕

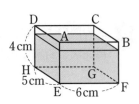

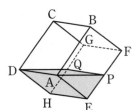

6 右の図のように，EF＝6cm，EH＝5cm，DH＝4cmの直方体ABCD-EFGHの容器に水が入っている。この容器を静かに傾けて，水を流し出すとき，次の問いに答えなさい。

ただし，容器の厚さは考えないものとする。(10点×2)　〔富山─改〕

(1) 辺EF，HGの中点をそれぞれP，Qとする。右の図のように，辺EHを水平な台につけ，水を流し出したところ，水面が四角形APQDで，AP＝5cmとなった。このとき，四角形APQDはどのような四角形になるか，次のア〜エから最も適切なものを選び，記号で答えなさい。

ア 正方形　　**イ** 長方形　　**ウ** ひし形　　**エ** 平行四辺形

(2) (1)の状態から，右の図のように，点Eを水平な台につけ，水を流し出したところ，水面が△AFHとなった。このとき，(1)の状態から，流れ出た水の体積を求めなさい。

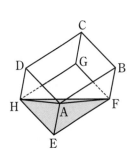

Step A 〉 Step B 〉 Step C-②

●時　間 35分　●得　点
●合格点 70点　　　　　点

解答▶別冊47ページ

重要 **1** 右の図のように，1辺が5cmの正方形の紙ABCDがある。辺BC，CDの中点をそれぞれE，Fとし，AE，EF，FAを折り目として，四面体をつくる。三角形AEFを底面とするとき，この四面体の高さを求めなさい。(10点)

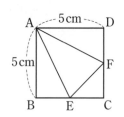

2 右の図において，四角錐OABCDは，すべての辺の長さが4cmの正四角錐である。この正四角錐を，4つの辺OA，AB，AD，OCで切って開いたとき，その展開図の形となっているものを下の**ア**〜**エ**から1つ選び，記号で答えなさい。(10点)　〔山形一改〕

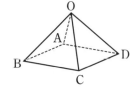

ア　　　　**イ**　　　　**ウ**　　　　**エ**

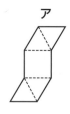 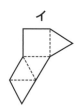 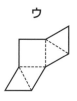 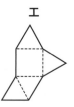

3 次の図のように，水のはいっている直方体を傾けた。このとき，水にふれている部分を，下の展開図に斜線で示しなさい。(10点)　〔秋　田〕

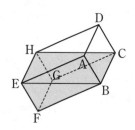 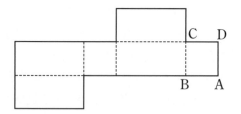

重要 **4** うちのりの直径が16cm，高さが25cmの円柱の容器に，深さが12cmだけ水が入っている。この中へ半径6cmの鉄球を沈めると，水面の高さは何cmになりますか。(10点)

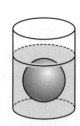

5 図1のように，水が入った立体がある。
これを図2のように縦にするとき，次の問い
に答えなさい。(10点×2)

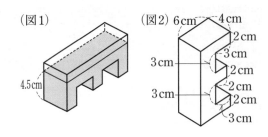

(1) 立体の体積は何cm³ですか。

(2) 図2のようにしたときの水の深さは，何cmになりますか。

6 図1の立体は，底面の半径が4cm，高さが3cmの円柱で，C
は底面の中心である。図2の立体OAB-CDEは，Cを通り
底面に垂直な平面で図1の円柱を8等分したものの1つであ
る。
次の問いに答えなさい。(10点×4)　　　〔大阪一改〕

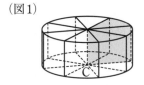

(1) ∠AOBの大きさは何度ですか。

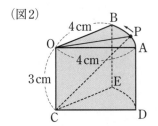

(2) 点PがAからBまで弧AB上を移動するように直角三角形
OCPをOCを軸として回転させた。このとき，直角三角形OCP
を回転させてできる立体の体積を求めなさい。

(3) 点PがAからBまで弧AB上を移動するように直角三角形OCPをOCを軸として回転させる。
点Pの移動の速さは一定であるものとし，AからBまで弧AB上を移動するのに15秒かかるも
のとする。
点PがAを出発してからBに到着するまでの間について，
①∠AOPの大きさが1秒間に増加する角度は何度ですか。

②点PがAを出発してからt秒後の弧APの長さをtの式で表しなさい。

23 データの整理

Step A ⟩ Step B ⟩ Step C

解答▶別冊48ページ

重要 **1** 右の表は，あるクラスの男子生徒 22 人の体重の度数分布表である。次の問いに答えなさい。

体重(kg)	人数(人)
以上　未満	
40 ～ 45	1
45 ～ 50	2
50 ～ 55	8
55 ～ 60	6
60 ～ 65	3
65 ～ 70	2
計	22

(1) 50 kg 以上 60 kg 未満の人は何人ですか。

(2) 48 kg の人は，どの階級に入りますか。

(3) 階級の幅(はば)はいくらですか。

(4) 右の図に，この度数分布表のヒストグラムをかきなさい。

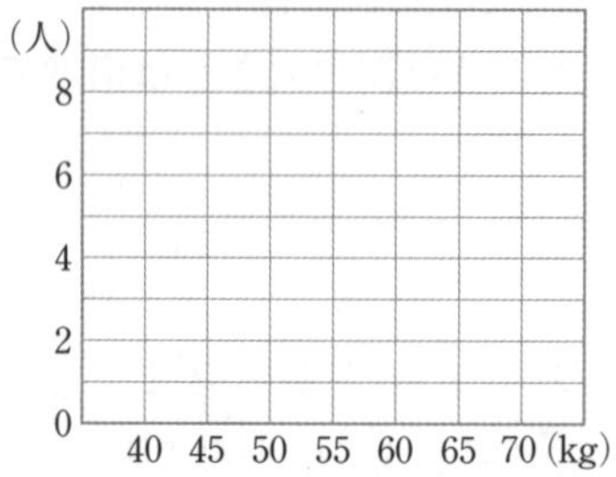

2 右の表は，あるクラスの生徒 40 人の身長の度数分布表です。次の問いに答えなさい。

身長(cm)	人数(人)	相対度数	累積度数(人)	累積相対度数
以上　未満				
145 ～ 150	5		5	
150 ～ 155	ア		13	
155 ～ 160	15		28	
160 ～ 165	イ		ウ	
165 ～ 170	2		40	
計	40	1.000		

(1) ア，イ，ウにあてはまる数をそれぞれ求めなさい。

(2) 相対度数(るいせき)と累積相対度数の欄(らん)をうめなさい。

(3) 165 cm 以上 170 cm 未満の人はクラス全体の何％になりますか。

3 右の表は，ある学年の体重測定の結果をまとめたものである。この表を完成して，体重の平均値を求めなさい。

階級(kg)	階級値(kg)	度数(人)	(階級値)×(度数)
以上　未満 40 ～ 45	42.5	5	212.5
45 ～ 50		8	
50 ～ 55		16	
55 ～ 60		14	
60 ～ 65		7	
計			

要 4 右の表は，あるクラスの生徒のテストの得点を表したものである。これについて，次の問いに答えなさい。

得点(点)	4	5	6	7	8	9	10
人数(人)	2	2	8	6	4	2	1

(1) 中央値を求めなさい。

(2) 最頻値を求めなさい。

5 下の表は，ある学校の校庭にある木の高さをはかり，まとめた結果である。この表から次の問いに答えなさい。

〔金城学院高〕

木の高さ(m)	以上　未満 5 ～ 7	7 ～ 9	9 ～ 11	11 ～ 13	13 ～ 15	15 ～ 17	17 ～ 19	19 ～ 21
木の数(本)	2	5	12	30	9	20	12	10

(1) 中央値を求めなさい。

(2) 最頻値を求めなさい。

✓チェックポイント

① 相対度数…各階級の度数の総度数に対する割合。

② 代表値

　データ全体を 1 つの値で代表させたとき，この値を**代表値**という。

　・**平均値＝(数値の総和)÷(データの個数)**

　・データをその数値の大きさの順に 1 列に並べ，中央にくる数値を**中央値(メジアン)**という。

　・データの数値のうちで，度数の最も多い数値を**最頻値(モード)**という。

Step A　Step B　Step C

●時　間 35分　●得　点

●合格点 80点　　　　点

解答▶別冊48ページ

1 右の図は，あるクラスの数学のテストの記録をヒストグラムに表したものである。これについて，次の問いに答えなさい。(4点×5)

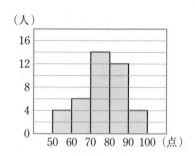

(1) 下の度数分布表をうめなさい。

階級（点）	度数（人）	累積度数（人）
以上　　未満		
50 ～ 60		
60 ～ 70		
70 ～ 80		
80 ～ 90		
90 ～ 100		

(2) 点数が 50 点以上 70 点未満の度数を答えなさい。

(3) 点数が高いほうから 15 番目の人が入っている階級の階級値を答えなさい。

(4) 点数が 80 点以上の人は，クラス全体の何％になりますか。

(5) 点数が 72 点の人は，点数が低いほうから数えて何番目から何番目の範囲にいるか答えなさい。

重要 **2** 右の表はある学校の中 1 の男子の身長の記録を度数分布表に表したものです。ア～キにあてはまる数字を求めなさい。

(6点×7)

階級（cm）	度数（人）	相対度数	累積相対度数
以上　　未満			
150 ～ 155	ア	0.12	0.12
155 ～ 160	10	0.20	0.32
160 ～ 165	イ	オ	0.64
165 ～ 170	12	0.24	キ
170 ～ 175	ウ	カ	1.00
計	エ	1.00	

要 **3** 配点が 2 点, 3 点, 5 点の 3 つの問題からなる 10 点満点のテストがあり, 各問題は, 正解のとき, それぞれの得点が与えられる。下の表は, このテストを受けた 16 人の得点の度数分布表である。また, 2 つ以上の問題が正解であった者は 11 人であった。次の問いに答えなさい。(5点×4)

得点(点)	0	2	3	5	7	8	10	計
人数(人)	0	2	1	5	2	3	3	16

(1) 平均値を四捨五入によって小数点第 1 位まで求めなさい。

(2) 中央値を求めなさい。

(3) 最頻値（さいひんち）を求めなさい。

(4) 配点が 5 点である問題が正解であった者は何人ですか。

4 あるクラスで, 生徒が 1 日にテレビを見る時間を調査した。その結果をまとめたものが, 右の度数分布表である。次の問いに答えなさい。(6点×3)

(1) 右の表を完成させて, 生徒が 1 日にテレビを見る時間の平均値を求めなさい。

階級(分)	度数(人)	階級値(分)	(階級値)×(度数)
以上　　　未満			
30 ～ 60	6	45	270
60 ～ 90	9		
90 ～ 120	19		
120 ～ 150	3		
150 ～ 180	2		
180 ～ 210	1		
計	40		

(2) 中央値の属する階級を求めなさい。

(3) 最頻値を求めなさい。

Step A 〉 Step B 〉 Step C

●時 間 35分　　●得 点

●合格点 70点　　　　　　点

解答▶別冊49ページ

1 30人でクイズゲームをした。クイズは全部で4問あり，表1は正解のときに与える点数の表で，表2はこの30人の得点の度数分布表である。次の問いに答えなさい。(8点×5)　〔宮崎一改〕

(1) 30人の得点の平均を求めなさい。

(表1)

クイズ	点数
第1問	10 点
第2問	10 点
第3問	15 点
第4問	15 点

(2) 第1問と第2問の2問だけが正解であった人数を求めなさい。

(3) 表2のア，イにあてはまる数をそれぞれ求めなさい。

(表2)

得点(点)	度数(人)	得点×度数
0	0	0
10	1	10
15	ア	75
20	2	40
25	4	100
30	7	イ
35	5	175
40	4	160
50	2	100
計	30	870

(4) 4問の中で3問正解であった人数を求めなさい。

2 右の表はK中学校のある運動部に所属する部員20人の身長の度数分布表である。度数，階級値×度数 の欄については，一部記入されていない。また，この度数分布表を作成した後に，身長が階級170.0cm ～ 175.0cm に入る新入部員が何人かあったので，全体の平均を求めなおすと1.5cm高くなった。次の問いに答えなさい。ただし，もとの部員20人の階級の度数は変わらないものとする。(8点×3)　〔兵 庫〕

階級(cm)	階級値(cm)	度数(人)	階級値×度数
以上　　未満			
145.0 ～ 150.0	147.5	①	295.0
150.0 ～ 155.0	152.5	②	
155.0 ～ 160.0	157.5	4	630.0
160.0 ～ 165.0	162.5	5	812.5
165.0 ～ 170.0	167.5	3	502.5
170.0 ～ 175.0	172.5	2	345.0
175.0 ～ 180.0	177.5	1	177.5
計		20	3220.0

(1) 表の中の①，②にあてはまる度数を求めなさい。

(2) 度数分布表を作成した後の新入部員の人数を求めなさい。

3 あるレストランの6日間の来客数を調べたところ，次のようになった。

	1日目	2日目	3日目	4日目	5日目	6日目
来客数（人）	61	82	56	A	71	63

後日，もう一度伝票で確認したところ，4日目以外の，ある1日だけ来客数が2名誤っていた。正しい数値で計算した6日間の来客数の平均値は65.5人，中央値は62.5人であった。Aの値を求めなさい。(8点)　　　　　　　　　　　　　　　　　　　　　　　　　　　　　　　[都立西高]

4 あるクラスで100点満点のテストを実施した。
男子の結果を度数分布表にまとめてヒストグラムを作成したところ，図1のようになった。
図1では，例えば50点以上60点未満の男子生徒が3人いることが分かる。(7点×4)　　　[早稲田実業学校高]

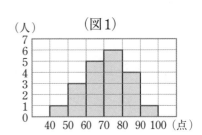
（図1）

(1) 男子の得点の平均値を求めなさい。また，中央値が属する階級の階級値を求めなさい。

(2) 右の表1はこのクラスの女子の結果をまとめた度数分布表である。次の(ア)～(カ)のことがわかっているとき，表1の空欄A～Cに最もあてはまる数字を答えなさい。
ただし，最頻値，平均値はすべて度数分布表から求めているものとする。

（ア）女子の人数は，男子の人数と等しい。

（イ）得点は，すべて40点以上100点未満である。

（ウ）50点以上60点未満の人数と，70点以上80点未満の人数はどちらも3人である。

（エ）得点の最頻値は，男子の得点の最頻値より10点低く，最頻値が属する階級の度数はそれぞれ等しい。

（オ）70点以上の人数は10人である。

（カ）得点の平均値は，男子の得点の平均値より1点高い。

（表1）

階級（点）	度数（人）
以上　　未満	
40 ～ 50	A
50 ～ 60	
60 ～ 70	B
70 ～ 80	
80 ～ 90	C
90 ～ 100	
合計	

 総合実力テスト

●時 間 60分　●得 点
●合格点 70点　　　　　点

解答▶別冊50ページ

1 次の計算をしなさい。(4点×4)

(1) $(-3)^2 - (-3) \times 2^2 - 2^3$　〔日本大豊山高〕

(2) $\dfrac{5}{6} - (-2)^3 \div \left(-\dfrac{4}{3}\right)^2$　〔広島大附高〕

(3) $\left(1 + \dfrac{1}{10}\right)\left(\dfrac{1}{2} + \dfrac{1}{3} + \dfrac{1}{4}\right) - (1 + 0.1)(0.5 + 0.25)$　〔明治学院高〕

(4) $\left\{-2^2 - (-3)^3 \times \left(-\dfrac{1}{3}\right)^2\right\} - 4 \div \left(-\dfrac{2}{3}\right)$　〔青雲高〕

2 次の式を簡単にしなさい。(4点×2)

(1) $\dfrac{x}{2} + \dfrac{2x - 1}{3}$　〔栃木〕

(2) $\dfrac{x + 1}{2} - \dfrac{x - 2}{3} - \dfrac{x - 5}{6}$　〔清風高〕

3 次の方程式を解きなさい。(4点×2)

(1) $\dfrac{5x + 1}{4} - \dfrac{2x + 1}{2} = 2$　〔駿台甲府高〕

(2) $\dfrac{2x + 1}{3} - \dfrac{x - 3}{2} = 1$

4 次の問いに答えなさい。(4点×2)

(1) $a = \dfrac{2}{5}$ のとき, $3(2a - 1) - (a - 5)$ の値を求めなさい。　〔福 島〕

(2) x の 1 次方程式 $\dfrac{x - a}{2} + \dfrac{x + 2a}{3} = 1$ の解が $x = 4$ のとき, a の値を求めなさい。　〔明治学院高〕

5 1辺の長さが1cmの正方形の形をしたプラスチックの板がたくさんある。この板を使って，下の図のように図形をつくっていく。まず，板を1個置いたものを1番目，その周囲を4個の板で囲んだものを2番目，さらにその周囲を8個の板で囲んだものを3番目とする。このような作業を繰り返して4番目，5番目，……とつくっていくとき，次の問いに答えなさい。ただし，板はすき間なく置くものとする。(4点×2)　　〔徳島一改〕

1番目　　2番目　　　3番目　　　　　4番目

   ……

(1) 5番目の図形のいちばん外側の周の長さを求めなさい。

(2) n 番目の図形のいちばん外側の周の長さを，n を用いて表しなさい。

6 y は x に反比例し，$x=4$ のとき $y=-3$ である。また，x の変域が $3 \leqq x \leqq 6$ のとき，y の変域は $a \leqq y \leqq b$ である。このとき，a, b の値を求めなさい。(4点×2)

7 右の図のように，関数 $y=\dfrac{a}{x}$ のグラフ上に，3点A，B，Cがある。Aの座標は(6, 1)で，Bの x 座標は -2，Cの y 座標は3である。次の問いに答えなさい。(5点×2)　　〔群　馬〕

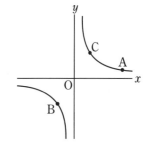

(1) a の値を求めなさい。

(2) 三角形ABCの面積を求めなさい。

8 右の図で，△ABCと面積が等しく，線分BCを底辺とする二等辺三角形PBCを1つ，定規とコンパスを用いて作図しなさい。(4点)

〔都立国分寺高〕

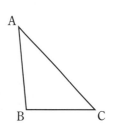

9 右の図は，円錐の展開図で，側面のおうぎ形の半径は 6cm，中心角は 120° である。この円錐の底面の半径を求めなさい。また，表面積を求めなさい。(5点×2)　　〔奈良〕

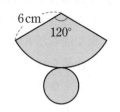

10 右の図の四角形 ABCD を，直線 ℓ を軸として1回転させてできる立体の体積を求めなさい。(5点)　　〔佐賀〕

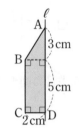

11 右の図1は，1辺の長さが 6cm の立方体の容器 ABCD－EFGH に水をいっぱいに入れたものであり，点Pは辺 AE の中点，点Qは辺 DH の中点である。図2のように，図1の容器を静かに傾けて，水面が四角形 PBCQ になるまで水をこぼした。

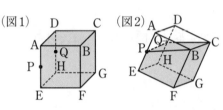

また，図3は図1の容器の展開図であり，図中の•は各辺の中点である。このとき，次の問いに答えなさい。(5点×2)　　〔鹿児島〕

(1) 容器に残った水の体積は何 cm³ ですか。

(2) 四角形 PBCQ の4辺のうち，辺 BC 以外の3辺を図3に実線で示しなさい。ただし，各点の記号P，B，C，Qは書かなくてもよい。

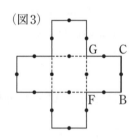

(図3)

12 次の表は，ある都市の，1月から12月までの一年間における，月ごとの雨が降った日数を調べたものである。この年の，月ごとの雨が降った日数の範囲は12日であり，月ごとの雨が降った日数の中央値は8.5日であった。6月に雨が降った日数を a 日とするとき，a がとりうる値の範囲を答えなさい。(5点)　　〔静岡一改〕

月	1	2	3	4	5	6	7	8	9	10	11	12
日数(日)	4	6	7	10	7	a	10	15	16	7	13	7

第1章 正負の数

1│正負の数

Step A 解答　　　本冊▶p.2〜p.3

1 (1) -7　(2) -4.3　(3) $+3\dfrac{1}{5}$

2 (1)

$$
\begin{array}{c}
\text{C} \quad \text{B} \qquad\qquad \text{A} \quad \text{D} \\
\hline
-5\,-4\,-3\,-2\,-1\ 0\ +1\,+2\,+3\,+4\,+5
\end{array}
$$

(2) E…-4, F…$-1\dfrac{3}{4}$, G…$+3\dfrac{1}{4}$

3 (1) -700円　(2) -5時

(3)① $+5$kgの減少　② $+9$年後

4 (1) -8, -6.8, $-2\dfrac{2}{5}$　(2) -8, $+7$, 0, 5

(3) $+7$, 5

(4) $+7$, 5, 2.5, $+\dfrac{4}{3}$, 0, $-2\dfrac{2}{5}$, -6.8, -8

5 (1)① 4　② 3.5　③ $\dfrac{1}{4}$

(2) -3, -2, -1, 0, 1, 2, 3

(3) -4, -3, -2, -1, 0, 1, 2

6 (1) $-3 > -5$　(2) $-2 < +1$　(3) $-0.02 > -0.2$

(4) $-\dfrac{4}{5} < -0.78$　(5) $-\dfrac{1}{3} < -\dfrac{1}{4} < -\dfrac{1}{5}$

(6) $-4 < -\dfrac{10}{3} < -3.25$

解き方

3 (2) 正午を基準としているので，午前7時は正午より $12-7=5$（時間）早い。よって，-5時。

4 0は整数であるが，正の数でも負の数でもない。

5 (2) 絶対値が3以下の数は，-3以上 $+3$以下の整数になる。

(3) -4.8と $+2.3$の間にある整数は，-4以上 $+2$以下の整数になる。わかりにくい場合は，数直線に書いてみるとよい。

6 正の数は絶対値が大きい方が大きくなり，負の数は絶対値が小さい方が大きくなる。

(4) $\dfrac{4}{5}=0.8$ なので，$-\dfrac{4}{5} < -0.78$

(5) $\dfrac{1}{4}=\dfrac{15}{60}$, $\dfrac{1}{5}=\dfrac{12}{60}$, $\dfrac{1}{3}=\dfrac{20}{60}$ なので，

$-\dfrac{1}{3} < -\dfrac{1}{4} < -\dfrac{1}{5}$

2│正負の数の加減・乗除

Step A 解答　　　本冊▶p.4〜p.5

1 (1) -10　(2) -8　(3) $+3$

(4) $+1.1$　(5) -7.1　(6) $+\dfrac{7}{12}$

2 (1) $+2$　(2) $+2$　(3) -5

(4) -0.4　(5) $+\dfrac{6}{5}$　(6) $-\dfrac{4}{9}$

3 (1) -17　(2) 11　(3) 6　(4) 3

4 (1) -16　(2) -27　(3) 32　(4) $-\dfrac{1}{7}$　(5) $\dfrac{1}{2}$

(6) -0.42

5 (1) 72　(2) -126

6 (1) 9　(2) -9　(3) -125　(4) $\dfrac{8}{27}$

7 (1) -3　(2) 3　(3) $-\dfrac{1}{2}$　(4) $-\dfrac{2}{7}$　(5) -3　(6) 5

8 (1) -6　(2) $\dfrac{3}{2}$　(3) -8　(4) $\dfrac{8}{15}$

解き方

1 同符号（どうふごう）どうしの加法であれば絶対値の和に共通の符号をつける。異符号どうしの加法であれば絶対値の差に，絶対値が大きい方の数の符号をつける。

(3) $(+9) + (-6) = +(9-6) = +3$

(4) $(+0.3) + (+0.8) = +(0.3+0.8) = +1.1$

(5) $(-2.5) + (-4.6) = -(2.5+4.6) = -7.1$

(6) $\left(-\dfrac{1}{4}\right) + \left(+\dfrac{5}{6}\right) = +\left(\dfrac{5}{6}-\dfrac{1}{4}\right) = +\dfrac{7}{12}$

2 減法はひく数の符号を変えて加法になおす。

(3) $0 - (+5) = 0 + (-5) = -5$

(4) $(-1.2) - (-0.8) = (-1.2) + (+0.8) = -0.4$

(5) $\left(+\dfrac{2}{5}\right) - \left(-\dfrac{4}{5}\right) = \left(+\dfrac{2}{5}\right) + \left(+\dfrac{4}{5}\right) = +\dfrac{6}{5}$

(6) $\left(-\dfrac{1}{3}\right) - \left(+\dfrac{1}{9}\right) = \left(-\dfrac{1}{3}\right) + \left(-\dfrac{1}{9}\right) = \left(-\dfrac{3}{9}\right) + \left(-\dfrac{1}{9}\right)$

$= -\dfrac{4}{9}$

3 加減が混じった式では，加法だけの式になおして（　）と記号 $+$ を省くと，（　）のない式にすることができる。$+$ と $-$ でそれぞれまとめてから計算するとやりやすい。

(3) $(-7) - (+2) - (-6) + (+9)$

ひっぱると，はずして使えます。

$$= (-7) + (-2) + (+6) + (+9)$$
$$= -7 - 2 + 6 + 9 = -(7+2) + (6+9)$$
$$= -9 + 15 = 6$$

(4) $4 + (-3) - 6 - (-7) + 1 = 4 - 3 - 6 + 7 + 1$
$$= (4 + 7 + 1) - (3 + 6) = 12 - 9 = 3$$

> **❗ ここに注意** 答えが正の数のときは，
> ＋の符号を省くことができる。

4 同符号の 2 数の積は，絶対値の積に正の符号をつける。異符号の積は，絶対値の積に負の符号をつける。

(5) $\left(-\dfrac{2}{3}\right) \times \left(-\dfrac{3}{4}\right) = +\left(\dfrac{2}{3} \times \dfrac{3}{4}\right) = \dfrac{1}{2}$

(6) $(-0.6) \times (+0.7) = -(0.6 \times 0.7) = -0.42$

5 いくつかの数の積の符号は，負の数が偶数個のときは ＋，奇数個のときは － になる。

(1) $(-6) \times (+4) \times (-3) = +(6 \times 4 \times 3) = 72$

(2) $(-9) \times (-2) \times (-7) = -(9 \times 2 \times 7) = -126$

6 (1) $(-3)^2 = (-3) \times (-3) = 9$

(2) $-3^2 = -(3 \times 3) = -9$

(3) $(-5)^3 = (-5) \times (-5) \times (-5) = -125$

(4) $-\left(-\dfrac{2}{3}\right)^3 = -\left(-\dfrac{2}{3}\right) \times \left(-\dfrac{2}{3}\right) \times \left(-\dfrac{2}{3}\right) = -\left(-\dfrac{8}{27}\right) = \dfrac{8}{27}$

7 同符号の 2 数の商は，絶対値の商に正の符号をつける。異符号の 2 数の商は，絶対値の商に負の符号をつける。

(1) $(+9) \div (-3) = -(9 \div 3) = -3$

(2) $(-18) \div (-6) = +(18 \div 6) = 3$

(3) 正負の数でわることは，その数の逆数をかけることと同じである。
$$\left(+\dfrac{4}{5}\right) \div \left(-\dfrac{8}{5}\right) = -\left(\dfrac{4}{5} \times \dfrac{5}{8}\right) = -\dfrac{1}{2}$$

8 乗法だけの式になおして計算する。

(1) $(+4) \times (+3) \div (-2) = (+4) \times (+3) \times \left(-\dfrac{1}{2}\right)$
$$= -\dfrac{4 \times 3 \times 1}{2} = -6$$

(2) $24 \div (-8) \times (-3) \div 6 = 24 \times \left(-\dfrac{1}{8}\right) \times (-3) \times \dfrac{1}{6}$
$$= \dfrac{24 \times 1 \times 3 \times 1}{8 \times 6} = \dfrac{3}{2}$$

(3) $(-2^4) \times 4 \div (-8) \div (-1)^3$
$$= -16 \times 4 \div (-8) \div (-1)$$
$$= -16 \times 4 \times \left(-\dfrac{1}{8}\right) \times (-1) = -\dfrac{16 \times 4 \times 1 \times 1}{8} = -8$$

(4) $(-2)^3 \times \dfrac{4}{15} \div (-2^2) = (-8) \times \dfrac{4}{15} \div (-4)$
$$= (-8) \times \dfrac{4}{15} \times \left(-\dfrac{1}{4}\right) = \dfrac{8 \times 4 \times 1}{15 \times 4} = \dfrac{8}{15}$$

> **Step B** | 解答 | 本冊 ▶ p.6〜p.7

1 (1) 0.4　(2) -7.1　(3) $-\dfrac{7}{6}$　(4) $\dfrac{1}{12}$

2 (1) $\dfrac{1}{5}$　(2) $-\dfrac{3}{4}$　(3) 3.7　(4) -4.1

3 (1) 17　(2) 4　(3) $-\dfrac{1}{3}$　(4) $\dfrac{37}{60}$　(5) 0.8　(6) -7.3

(7) 3　(8) $\dfrac{1}{3}$

4 (1) $\dfrac{1}{12}$　(2) $-\dfrac{1}{36}$　(3) -64　(4) -100　(5) 32

(6) 729

5 (1) $\dfrac{1}{4}$　(2) 54　(3) -3　(4) $-\dfrac{5}{3}$

6 (1) $\dfrac{1}{8}$　(2) $-\dfrac{16}{27}$　(3) $\dfrac{1}{4}$　(4) $\dfrac{1}{24}$　(5) -2　(6) $-\dfrac{3}{4}$

解き方

1 (1) $(+1.8) + (-2.9) + (+1.5) = (1.8 + 1.5) - 2.9$
$$= 3.3 - 2.9 = 0.4$$

(2) $0.9 + (-5.6) + (-4.7) + 2.3$
$$= (0.9 + 2.3) - (5.6 + 4.7) = 3.2 - 10.3 = -7.1$$

(3) $\left(-\dfrac{5}{6}\right) + \left(-\dfrac{2}{3}\right) + \left(+\dfrac{1}{2}\right) + \left(-\dfrac{1}{6}\right)$
$$= \dfrac{1}{2} - \left(\dfrac{5}{6} + \dfrac{2}{3} + \dfrac{1}{6}\right) = \dfrac{1}{2} - \dfrac{5}{3} = -\dfrac{7}{6}$$

(4) $\dfrac{1}{2} + \left(-\dfrac{1}{3}\right) + \left(-\dfrac{3}{4}\right) + \left(+\dfrac{2}{3}\right)$
$$= \left(\dfrac{1}{2} + \dfrac{2}{3}\right) - \left(\dfrac{1}{3} + \dfrac{3}{4}\right) = \dfrac{7}{6} - \dfrac{13}{12} = \dfrac{1}{12}$$

2 (1) $\dfrac{2}{5} - \left(-\dfrac{3}{5}\right) - \left(+\dfrac{4}{5}\right) = \dfrac{2}{5} + \dfrac{3}{5} - \dfrac{4}{5} = \dfrac{1}{5}$

(2) $\left(-\dfrac{2}{3}\right) - \left(+\dfrac{1}{2}\right) - \left(+\dfrac{1}{3}\right) - \left(-\dfrac{3}{4}\right)$
$$= -\dfrac{2}{3} - \dfrac{1}{2} - \dfrac{1}{3} + \dfrac{3}{4} = \dfrac{3}{4} - \left(\dfrac{2}{3} + \dfrac{1}{2} + \dfrac{1}{3}\right)$$
$$= \dfrac{3}{4} - \dfrac{3}{2} = -\dfrac{3}{4}$$

(3) $4.5 - (-0.6) - (+2.8) - (-1.4)$
$$= 4.5 + 0.6 - 2.8 + 1.4 = (4.5 + 0.6 + 1.4) - 2.8$$
$$= 6.5 - 2.8 = 3.7$$

(4) $(-9.2) - (-3.6) - (+5.3) - (-6.8)$
$$= -9.2 + 3.6 - 5.3 + 6.8 = (3.6 + 6.8) - (9.2 + 5.3)$$
$$= 10.4 - 14.5 = -4.1$$

3 (1) $(+5) - (-7) - 4 + 9 = 5 + 7 - 4 + 9$
$$= (5 + 7 + 9) - 4 = 21 - 4 = 17$$

(2) $-35 + (+16) + 7 - (-16) = -35 + 16 + 7 + 16$
$$= (16 + 7 + 16) - 35 = 39 - 35 = 4$$

(3) $-\dfrac{1}{2} - \left(-\dfrac{2}{3}\right) - \dfrac{5}{6} - \left(-\dfrac{1}{3}\right) = -\dfrac{1}{2} + \dfrac{2}{3} - \dfrac{5}{6} + \dfrac{1}{3}$
$$= \left(\dfrac{2}{3} + \dfrac{1}{3}\right) - \left(\dfrac{1}{2} + \dfrac{5}{6}\right) = 1 - \dfrac{4}{3} = -\dfrac{1}{3}$$

(4) $\dfrac{1}{5}-\left(-\dfrac{1}{2}\right)-\dfrac{1}{3}+\dfrac{1}{4}=\dfrac{1}{5}+\dfrac{1}{2}-\dfrac{1}{3}+\dfrac{1}{4}$

$=\left(\dfrac{1}{5}+\dfrac{1}{2}+\dfrac{1}{4}\right)-\dfrac{1}{3}=\dfrac{19}{20}-\dfrac{1}{3}=\dfrac{37}{60}$

(5) $1.5-5.8-(-8.7)-(+3.6)=1.5-5.8+8.7-3.6$

$=(1.5+8.7)-(5.8+3.6)=10.2-9.4=0.8$

(6) $1.7-4.8+2.5+(-6.7)=1.7-4.8+2.5-6.7$

$=(1.7+2.5)-(4.8+6.7)=4.2-11.5=-7.3$

(7) $7-3-8+9-2=(7+9)-(3+8+2)=16-13=3$

(8) $\dfrac{2}{3}-\dfrac{1}{2}-\dfrac{1}{4}+\dfrac{5}{12}=\left(\dfrac{2}{3}+\dfrac{5}{12}\right)-\left(\dfrac{1}{2}+\dfrac{1}{4}\right)=\dfrac{13}{12}-\dfrac{3}{4}=\dfrac{1}{3}$

4 (1) $\left(-\dfrac{5}{8}\right)\times\left(-\dfrac{2}{5}\right)\times\left(-\dfrac{3}{7}\right)\times\left(-\dfrac{7}{9}\right)$

$=\dfrac{5\times2\times3\times7}{8\times5\times7\times9}=\dfrac{1}{12}$

(2) $\left(-\dfrac{9}{16}\right)\times\left(-\dfrac{32}{81}\right)\times\dfrac{5}{28}\times\left(-\dfrac{7}{10}\right)$

$=-\dfrac{9\times32\times5\times7}{16\times81\times28\times10}=-\dfrac{1}{36}$

(3) $-4^2\times(-2)^2=-16\times4=-64$

(4) $(-1)^5\times(-2)^2\times(-5)^2=-1\times4\times25=-100$

(5) $2^2\times2^3=4\times8=32$

(6) $(3^2)^3=9^3=729$

別解 同じ数の累乗(るいじょう)の場合は，

$a^m\times a^n=a^{m+n}$ や，$(a^m)^n=a^{m\times n}$ のような指数法則が使える。

(5) $2^2\times2^3=2^{2+3}=2^5=32$

(6) $(3^2)^3=3^{2\times3}=3^6=729$

5 (1) $(-8)\times(-7)\div(-16)\div(-14)$

$=(-8)\times(-7)\times\left(-\dfrac{1}{16}\right)\times\left(-\dfrac{1}{14}\right)=\dfrac{8\times7\times1\times1}{16\times14}=\dfrac{1}{4}$

(2) $9\div\left(-\dfrac{2}{3}\right)\div\left(-\dfrac{1}{6}\right)\times\dfrac{2}{3}=9\times\left(-\dfrac{3}{2}\right)\times(-6)\times\dfrac{2}{3}$

$=\dfrac{9\times3\times6\times2}{2\times3}=54$

(3) $\dfrac{4}{7}\div\dfrac{2}{3}\times\left(-\dfrac{21}{8}\right)\div\dfrac{3}{4}=\dfrac{4}{7}\times\dfrac{3}{2}\times\left(-\dfrac{21}{8}\right)\times\dfrac{4}{3}$

$=-\dfrac{4\times3\times21\times4}{7\times2\times8\times3}=-3$

(4) $\left(-\dfrac{2}{5}\right)\div\dfrac{4}{5}\div\left(-\dfrac{3}{7}\right)\div\left(-\dfrac{7}{10}\right)$

$=\left(-\dfrac{2}{5}\right)\times\dfrac{5}{4}\times\left(-\dfrac{7}{3}\right)\times\left(-\dfrac{10}{7}\right)=-\dfrac{2\times5\times7\times10}{5\times4\times3\times7}$

$=-\dfrac{5}{3}$

6 (1) $(-3^2)\div(-2^3)\div(-3)^2=-9\div(-8)\div9$

$=-9\times\left(-\dfrac{1}{8}\right)\times\dfrac{1}{9}=\dfrac{9\times1\times1}{8\times9}=\dfrac{1}{8}$

(2) $(-2)^3\times(-4^2)\div(-3^3)\div2^3$

$=-8\times(-16)\div(-27)\div8$

$=-8\times(-16)\times\left(-\dfrac{1}{27}\right)\times\dfrac{1}{8}=-\dfrac{8\times16\times1\times1}{27\times8}$

$=-\dfrac{16}{27}$

(3) $\left(-\dfrac{2}{3}\right)^3\div\left(-\dfrac{4}{3}\right)^2\times\left(-\dfrac{3}{2}\right)=-\dfrac{8}{27}\div\dfrac{16}{9}\times\left(-\dfrac{3}{2}\right)$

$=-\dfrac{8}{27}\times\dfrac{9}{16}\times\left(-\dfrac{3}{2}\right)=\dfrac{8\times9\times3}{27\times16\times2}=\dfrac{1}{4}$

(4) $\left(-\dfrac{1}{2}\right)^2\div\dfrac{2}{3}\times\left(-\dfrac{1}{3}\right)^2=\dfrac{1}{4}\div\dfrac{2}{3}\times\dfrac{1}{9}=\dfrac{1}{4}\times\dfrac{3}{2}\times\dfrac{1}{9}$

$=\dfrac{1\times3\times1}{4\times2\times9}=\dfrac{1}{24}$

(5) 小数と分数が混じった計算では，小数を分数になおす。

$-0.4\times\dfrac{3}{2}\div\left(-\dfrac{3}{5}\right)\div(-0.5)$

$=-\dfrac{2}{5}\times\dfrac{3}{2}\div\left(-\dfrac{3}{5}\right)\div\left(-\dfrac{1}{2}\right)=-\dfrac{2}{5}\times\dfrac{3}{2}\times\left(-\dfrac{5}{3}\right)\times(-2)$

$=-\dfrac{2\times3\times5\times2}{5\times2\times3}=-2$

(6) $\left(-\dfrac{3}{10}\right)^3\div0.6^2\times10=\left(-\dfrac{3}{10}\right)^3\div\left(\dfrac{3}{5}\right)^2\times10$

$=-\dfrac{27}{1000}\div\dfrac{9}{25}\times10=-\dfrac{27}{1000}\times\dfrac{25}{9}\times10$

$=-\dfrac{27\times25\times10}{1000\times9}=-\dfrac{3}{4}$

> ⚠ **ここに注意**　よくでる小数⇔分数は覚えておくと計算が速くなる。
> $0.2=\dfrac{1}{5}$　$0.5=\dfrac{1}{2}$　$0.25=\dfrac{1}{4}$　$0.75=\dfrac{3}{4}$　$0.125=\dfrac{1}{8}$

3 │ 正負の数の四則計算

Step A 　解答　　　本冊▶p.8〜p.9

1 (1) 15　(2) -16　(3) 4　(4) 15　(5) 13

(6) -78　(7) $\dfrac{7}{6}$　(8) $\dfrac{13}{8}$　(9) -1

2 (1) 18　(2) -20　(3) 14　(4) -15

(5) -12　(6) 12　(7) $-\dfrac{4}{3}$　(8) -8

3 (1) 14　(2) -3　(3) 7　(4) 31.4

4 (1) 118　(2) $\dfrac{124}{5}$　(3) $-\dfrac{183}{16}$　(4) 0

5 イ，ウ，エ

解き方

1 乗除→加減 の順に計算する。

(1) $-9\times(-3)-12=27-12=15$

(2) $-6+5\times(-2)=-6+(-10)=-6-10=-16$

(3) $-2-18\div(-3)=-2-(-6)=-2+6=4$

(4) $-8\times(-3)-9=24-9=15$

(5) $8-15\div(-3)=8-(-5)=8+5=13$

(6) $-6+9\times(-8)=-6+(-72)=-6-72=-78$

3

(7) $\frac{1}{2}-\left(-\frac{1}{3}\right)\times 2=\frac{1}{2}-\left(-\frac{2}{3}\right)=\frac{1}{2}+\frac{2}{3}=\frac{7}{6}$

(8) $-\frac{3}{4}\div\left(-\frac{2}{3}\right)+\frac{1}{2}=\frac{9}{8}+\frac{1}{2}=\frac{13}{8}$

(9) $0.5\times(-0.4)-0.8=-0.2-0.8=-1$

2 (1) $-3\times(-7)-9\div 3=21-3=18$

(2) $-32\div(-8)+4\times(-6)=4-24=-20$

(3) かっこのある式の計算では，かっこの中を先に
計算する。
$-36\div 9+\{(-6)-3\}\times(-2)$
$=-4+(-9)\times(-2)=-4+18=14$

(4) $18\div(-3)-\{(-5)+2\}\times(-3)$
$=-6-(-3)\times(-3)=-6-9=-15$

(5) $\{2\times(-3)-6\}\times(-3)-48$
$=(-6-6)\times(-3)-48=(-12)\times(-3)-48$
$=36-48=-12$

(6) $(-3)\times(-7)-\{6-(2-5)\}$
$=21-(6+3)=21-9=12$

(7) $\frac{2}{3}+6\div\left(-\frac{6}{7}\right)\times\frac{2}{7}=\frac{2}{3}+6\times\left(-\frac{7}{6}\right)\times\frac{2}{7}=\frac{2}{3}-2=-\frac{4}{3}$

(8) $-12\div\frac{4}{3}+\left(-\frac{2}{5}\right)\div\left(-\frac{4}{5}\right)+\frac{1}{2}=-9+\frac{1}{2}+\frac{1}{2}=-8$

3 分配法則を利用する。

(1) $48\times\left(\frac{1}{8}+\frac{1}{6}\right)=48\times\frac{1}{8}+48\times\frac{1}{6}=6+8=14$

(2) $\left(-\frac{2}{3}+\frac{3}{4}\right)\times(-36)=\left(-\frac{2}{3}\right)\times(-36)+\frac{3}{4}\times(-36)$
$=24-27=-3$

(3) $7\times\frac{1}{4}+7\times\frac{3}{4}=7\times\left(\frac{1}{4}+\frac{3}{4}\right)=7\times 1=7$

(4) $15.6\times 3.14-5.6\times 3.14=(15.6-5.6)\times 3.14$
$=10\times 3.14=31.4$

4 累乗のある式の計算では，累乗を先に計算する。

(1) $\{-6^2-(-2)\}\times(-3)+(-4)^2$
$=(-36+2)\times(-3)+16=-34\times(-3)+16$
$=102+16=118$

(2) $(-3)^2-(-5)\div(-5^2)+4^2$
$=9-(-5)\div(-25)+16=9-\frac{1}{5}+16=\frac{124}{5}$

(3) $\left(-\frac{1}{2}\right)^2\div\left(-\frac{2}{3}\right)^2+\left(-\frac{3}{4}\right)\div\left(\frac{1}{4}\right)^2$
$=\frac{1}{4}\div\frac{4}{9}+\left(-\frac{3}{4}\right)\div\frac{1}{16}=\frac{9}{16}-12=-\frac{183}{16}$

(4) $\left\{\left(-\frac{1}{4}\right)-\left(\frac{1}{2}\right)^3\right\}\times 16+\frac{2}{3}\times(-3)^2$
$=\left(-\frac{1}{4}-\frac{1}{8}\right)\times 16+\frac{2}{3}\times 9$
$=-\frac{1}{4}\times 16-\frac{1}{8}\times 16+\frac{2}{3}\times 9$
$=-4-2+6=0$

5 **イ** 自然数がそれぞれ，2 と 3 のときに $2\div 3=\frac{2}{3}$ と
なるので，商は必ずしも自然数にはならない。

ウ 自然数がそれぞれ，2 と 3 のとき，$3-2=1$ と
なり自然数になるが，$2-3=-1$ となるので，
差は必ずしも自然数にはならない。

エ 2 つの数が両方負の数のとき，積は正の数にな
るが，和は負の数になる。

Step B ｜ 解答

本冊▶p.10〜p.11

1 (1) 40　(2) 12　(3) 36　(4) −3

2 (1) 3　(2) 18　(3) $-\frac{23}{8}$

(4) 14　(5) $-\frac{22}{15}$　(6) $-\frac{47}{20}$

3 (1) −9　(2) −4410　(3) −7　(4) −4896

4 (1) −76　(2) 84　(3) 194　(4) 71

5 (1) $-\frac{38}{45}$　(2) 40　(3) −2

(4) $-\frac{1}{6}$　(5) $\frac{29}{200}$　(6) $\frac{29}{40}$

6 (1) ○　(2) 例 $-2-(-4)=2$　(3) ○

解き方

1 (1) $(-8)\times(-2)+(-6)\times(-4)=16+24=40$

(2) $6\times(-2)\div 2-(-3)\times 6=-6-(-18)$
$=-6+18=12$

(3) $-18\div 3+\{(-6)-8\}\times(-3)=-6+(-14)\times(-3)$
$=-6+42=36$

(4) $28\div(-7)-\{(-9)+5\}\div 4=-4-(-4)\div 4$
$=-4+1=-3$

2 (1) $\frac{1}{2}-\left(-\frac{2}{3}\right)\times\frac{9}{2}+\left(-\frac{3}{5}\right)\div\frac{6}{5}=\frac{1}{2}+3-\frac{1}{2}=3$

(2) $20-7\times\left(-\frac{3}{4}\right)\div\frac{7}{8}-8=20+6-8=18$

(3) $\frac{3}{4}\div\left(-\frac{3}{8}\right)-\left\{\frac{1}{2}-\left(\frac{1}{4}-\frac{5}{8}\right)\right\}=-2-\left(\frac{1}{2}+\frac{3}{8}\right)$
$=-2-\frac{7}{8}=-\frac{23}{8}$

(4) $-\frac{5}{6}\times\left(-\frac{2}{3}\right)\times 18-\left(-\frac{3}{2}\right)\div\frac{3}{4}\times 2=10+4=14$

(5) $0.8\times\left(-\frac{1}{2}\right)+\left(-\frac{1}{3}\right)\div 0.5-0.4$
$=\frac{4}{5}\times\left(-\frac{1}{2}\right)+\left(-\frac{1}{3}\right)\div\frac{1}{2}-\frac{2}{5}=-\frac{2}{5}-\frac{2}{3}-\frac{2}{5}=-\frac{22}{15}$

(6) $\left(0.3+\frac{1}{4}\right)\div\left(-\frac{1}{5}\right)-0.2\div\left(-\frac{1}{2}\right)$
$=\left(\frac{3}{10}+\frac{1}{4}\right)\div\left(-\frac{1}{5}\right)-\frac{1}{5}\div\left(-\frac{1}{2}\right)$
$=\frac{11}{20}\div\left(-\frac{1}{5}\right)+\frac{2}{5}=-\frac{11}{4}+\frac{2}{5}=-\frac{47}{20}$

3 (1) $9 \times \left(-\dfrac{3}{4}\right) + 9 \times \left(-\dfrac{1}{4}\right) = 9 \times \left(-\dfrac{3}{4} - \dfrac{1}{4}\right) = 9 \times (-1)$

$\qquad = -9$

(2) $98 \times (-45) = (100 - 2) \times (-45)$

$\qquad = 100 \times (-45) - 2 \times (-45) = -4500 + 90 = -4410$

(3) $\left(\dfrac{1}{4} + \dfrac{2}{3} - \dfrac{5}{8}\right) \div \left(-\dfrac{1}{24}\right) = \left(\dfrac{1}{4} + \dfrac{2}{3} - \dfrac{5}{8}\right) \times (-24)$

$\qquad = \dfrac{1}{4} \times (-24) + \dfrac{2}{3} \times (-24) - \dfrac{5}{8} \times (-24)$

$\qquad = -6 - 16 + 15 = -7$

(4) $(-48) \times 102 = (-48) \times (100 + 2)$

$\qquad = (-48) \times 100 + (-48) \times 2 = -4800 - 96 = -4896$

> **⚠ ここに注意**
> (4) 102 のように 100 に近い数は，100 + 2 として分配法則を使うと計算がしやすくなる。

4 (1) $(-2)^3 \times (-3)^2 - (-4)^2 \div (-2)^2$

$\qquad = (-8) \times 9 - 16 \div 4 = -72 - 4 = -76$

(2) $(-2)^4 \times 5 - (-6)^2 \div (-3^2) = 16 \times 5 - 36 \div (-9)$

$\qquad = 80 + 4 = 84$

(3) $(-5)^2 \times 2 + (-2)^4 \times (-3)^2 = 25 \times 2 + 16 \times 9$

$\qquad = 50 + 144 = 194$

(4) $-8^2 \div (-2)^4 - (-5)^2 \times (-3)$

$\qquad = -64 \div 16 - 25 \times (-3) = -4 + 75 = 71$

5 (1) $\left(-\dfrac{4}{5}\right)^2 \times \left(-\dfrac{5}{8}\right) - \left(-\dfrac{2}{3}\right)^3 \div \left(-\dfrac{2}{3}\right)$

$\qquad = \dfrac{16}{25} \times \left(-\dfrac{5}{8}\right) - \left(-\dfrac{8}{27}\right) \div \left(-\dfrac{2}{3}\right) = -\dfrac{2}{5} - \dfrac{4}{9} = -\dfrac{38}{45}$

(2) $\left(-\dfrac{2}{3}\right)^2 \times 18 + \left(-\dfrac{4}{5}\right)^2 \times 50 = \dfrac{4}{9} \times 18 + \dfrac{16}{25} \times 50$

$\qquad = 8 + 32 = 40$

(3) $\left(-\dfrac{1}{2}\right)^4 \times 4^2 - 12 \div 2^2 = \dfrac{1}{16} \times 16 - 12 \div 4 = 1 - 3 = -2$

(4) $\left\{\left(-\dfrac{1}{2}\right)^2 + \left(-\dfrac{2}{3}\right)^3\right\} \times 9 - (-0.5)^2 \times (-1)^3$

$\qquad = \left\{\left(-\dfrac{1}{2}\right)^2 + \left(-\dfrac{2}{3}\right)^3\right\} \times 9 - \left(-\dfrac{1}{2}\right)^2 \times (-1)^3$

$\qquad = \left(\dfrac{1}{4} - \dfrac{8}{27}\right) \times 9 - \dfrac{1}{4} \times (-1) = -\dfrac{5}{108} \times 9 + \dfrac{1}{4}$

$\qquad = -\dfrac{5}{12} + \dfrac{1}{4} = -\dfrac{1}{6}$

(5) $\left\{0.4^2 - \left(-\dfrac{1}{5}\right)^3\right\} \div 1.4 + \left(-\dfrac{1}{2}\right)^2 \times 0.1$

$\qquad = \left\{\left(\dfrac{2}{5}\right)^2 - \left(-\dfrac{1}{5}\right)^3\right\} \div \dfrac{7}{5} + \left(-\dfrac{1}{2}\right)^2 \times \dfrac{1}{10}$

$\qquad = \left(\dfrac{4}{25} + \dfrac{1}{125}\right) \div \dfrac{7}{5} + \dfrac{1}{4} \times \dfrac{1}{10} = \dfrac{21}{125} \times \dfrac{5}{7} + \dfrac{1}{40}$

$\qquad = \dfrac{3}{25} + \dfrac{1}{40} = \dfrac{29}{200}$

(6) $0.25^3 \div (-0.5)^2 + \left(\dfrac{3}{4}\right)^2 - (-0.8) \times \left(\dfrac{1}{2}\right)^3$

$\qquad = \left(\dfrac{1}{4}\right)^3 \div \left(-\dfrac{1}{2}\right)^2 + \left(\dfrac{3}{4}\right)^2 - \left(-\dfrac{4}{5}\right) \times \left(\dfrac{1}{2}\right)^3$

$\qquad = \dfrac{1}{64} \div \dfrac{1}{4} + \dfrac{9}{16} - \left(-\dfrac{4}{5}\right) \times \dfrac{1}{8} = \dfrac{1}{16} + \dfrac{9}{16} + \dfrac{1}{10} = \dfrac{29}{40}$

4 正負の数の利用

Step A 　**解答**　　　　　本冊▶p.12〜p.13

1 (1) 6 点　(2) 18 点　(3) 75.8 点　(4) 80 点

2 (1) ① 3　② −5　③ 9　④ −3　⑤ 1

　(2) ① −59　② 41　③ 45　④ −67　⑤ 37

3 2, 11, 3, 23

4 (1) 2×7　(2) $2^3 \times 3$　(3) $2^2 \times 3 \times 5$

5 (1) 最大公約数…6, 最小公倍数…36

　(2) 最大公約数…10, 最小公倍数…60

　(3) 最大公約数…12, 最小公倍数…144

　(4) 最大公約数…3, 最小公倍数…120

6 (1) 11, 13, 17, 19, 23, 29　(2) 16 cm

解き方

1 (1) D − E = 4 − (−2) = 6 (点)

(2) 得点が最も高いのは B，得点が最も低いのは C になるので，B − C = 10 − (−8) = 18 (点)

(3) 平均点は，もとにした数 ＋ 差の平均 となるので，

$\qquad$ 75 + (0 + 10 − 8 + 4 − 2) ÷ 5 = 75 + 0.8 = 75.8 (点)

(4) 6 人の差の平均は，76.5 − 75 = 1.5 (点) となるので，6 人の差の合計は，1.5 × 6 = 9 (点)

$\qquad$ F と A の差は，9 点から 5 人の差の合計をひけばよいので，9 − 4 = 5 (点)

$\qquad$ よって，F の点数は 75 + 5 = 80 (点)

2 (1) 3 つの数の和は，ななめでそろっているところから，−4 + 2 + 8 = 6 とわかる。

$\qquad$ ① 6 − (7 − 4) = 3

$\qquad$ 同じように他の空らんも求めていく。

(2) 3 つの数の和は，ななめでそろっているところから，−15 − 11 − 7 = −33 とわかる。

$\qquad$ ② −33 − (−11 − 63) = 41

5 (1) $12 = 2^2 \times 3$，$18 = 2 \times 3^2$

$\qquad$ 最大公約数 $2 \times 3 = 6$　最小公倍数 $2^2 \times 3^2 = 36$

(2) $20 = 2^2 \times 5$，$30 = 2 \times 3 \times 5$

$\qquad$ 最大公約数 $2 \times 5 = 10$

$\qquad$ 最小公倍数 $2^2 \times 3 \times 5 = 60$

(3) $36 = 2^2 \times 3^2$，$48 = 2^4 \times 3$

$\qquad$ 最大公約数 $2^2 \times 3 = 12$

$\qquad$ 最小公倍数 $2^4 \times 3^2 = 144$

5

(4) $6=2\times3$, $15=3\times5$, $24=2^3\times3$

最大公約数 3

最小公倍数 $2^3\times3\times5=120$

6 (2) $256=2^8$ になる。正方形の面積は 1辺 ×1辺 なので，$2^8=2^4\times2^4$ と考えると，

1辺は $2^4=16$ (cm)

Step C-① 解答　本冊▶p.14〜p.15

1 (1) -10　(2) 3　(3) 512　(4) $\dfrac{1}{243}$　(5) -5

(6) 31　(7) -1　(8) -2　(9) $-\dfrac{1}{2}$　(10) $\dfrac{12}{25}$

(11) 5　(12) $-\dfrac{89}{12}$　(13) $\dfrac{3}{16}$

2 (1) 68 冊　(2) 57 冊　(3) 46 冊

3 4番目

4 (1) 3　(2) 4

(3) 最大公約数が 24 より，$a=24\times p$，$b=24\times q$ とする。最小公倍数は，

$720=2^4\times3^2\times5=24\times2\times3\times5$

となるので，$p\times q=2\times3\times5$ となる。

a と b が 3けたの自然数で，$a>b$ という条件を満たすのは，$p=2\times3=6$，$q=5$ の組み合わせのみ。

よって，$a=24\times6=144$，$b=24\times5=120$

解き方

1 (1) $2-3\times(-2)^2=2-3\times4=2-12=-10$

(2) $(-3)\times(-2)+(-6)\div2=6-3=3$

(3) $2^2\times2^3\times2^4=2^{2+3+4}=2^9=512$

(4) $3^2\div3^7=\dfrac{3^2}{3^7}=\dfrac{1}{3^5}=\dfrac{1}{243}$

(5) $27\div(-3)^2+(-2)^3=27\div9-8=3-8=-5$

(6) $-2^2-7\times(-5)=-4-7\times(-5)=-4+35$
$=31$

(7) $3\times(-1)^3-8\div(-2^2)=3\times(-1)-8\div(-4)$
$=-3+2=-1$

(8) $36\div(-2)\div(-3)^2=36\div(-2)\div9=-2$

(9) $\dfrac{1}{3}+\dfrac{5}{9}\div\left(-\dfrac{2}{3}\right)=\dfrac{1}{3}-\dfrac{5}{6}=-\dfrac{1}{2}$

(10) $-\dfrac{3}{7}\times\dfrac{8}{15}\div\left(-\dfrac{10}{21}\right)=\dfrac{3}{7}\times\dfrac{8}{15}\times\dfrac{21}{10}=\dfrac{12}{25}$

(11) $\dfrac{1}{3}\times(-3^2)\div5-(-7)\div5\times4$
$=\dfrac{1}{3}\times(-9)\div5-(-7)\div5\times4=-\dfrac{3}{5}+\dfrac{28}{5}=5$

(12) $\{-2^3+\dfrac{1}{4}-(-1)^2\}+2\div\dfrac{3}{2}=\left(-8+\dfrac{1}{4}-1\right)+2\times\dfrac{2}{3}$
$=-\dfrac{35}{4}+\dfrac{4}{3}=-\dfrac{89}{12}$

(13) $\left(-\dfrac{3}{2}\right)^2\div(-4.5)\times\left(\dfrac{5}{12}-\dfrac{5}{8}-\dfrac{1}{6}\right)$
$=\dfrac{9}{4}\div\left(-\dfrac{9}{2}\right)\times\left(-\dfrac{3}{8}\right)=\dfrac{9}{4}\times\dfrac{2}{9}\times\dfrac{3}{8}=\dfrac{3}{16}$

2 前日を基準にしているので，計算しやすくするために 1日目を基準に直すと，

2日目 $=+10$

3日目 $=+10+18=+28$

4日目 $=+28-35=-7$

5日目 $=-7+6=-1$

6日目 $=-1-28=-29$

7日目 $=-29+14=-15$

(1) 4日目は 1日目の -7 冊になるので，$75-7=68$(冊)

(2) 貸し出し冊数が最も多いのは，3日目の $+28$ 冊，最も少ないのは，6日目の -29 冊なので，差は，
$+28-(-29)=57$(冊)

(3) 差の平均は，
$(0+10+28-7-1-29-15)\div7=-2$(冊)
よって，7日間の冊数の平均は，$48-2=46$(冊)

3 右から大きい順に並べると，
$b-a<b<a+b<a<a-b<a-2\times b$ になるので，
$a+b$ は右から 4番目。

4 (1) ある数の 2乗になるためには，素因数分解したときにすべての指数が偶数になればよい。
$48=2^4\times3$ なので，3をかけて，$2^4\times3^2$ にする。

(2) 2を順にかけていくと，2，4，8，16，32，64，128，256，512，…となり，一の位に注目すると，2，4，8，6 の 4つの数の繰り返しとなっている。2018番目の一の位は，$2018\div4=504$ 余り 2より，4つの数の繰り返しが 504 組できて 2つ余るので，2番目の 4になる。

Step C-② 解答　本冊▶p.16〜p.17

1 (1) 3　(2) -40　(3) $\dfrac{8}{15}$　(4) $\dfrac{7}{18}$　(5) $-\dfrac{55}{4}$

(6) 10　(7) 1　(8) $\dfrac{8}{75}$　(9) $-\dfrac{1}{3}$

2 (1) ① 48　② 44　③ -16　④ -20　⑤ 46

(2) ① -11　② -4　③ -7　④ -2　⑤ -6
⑥ 3

3 (1) 1023　(2) ① 7個　② 14個

(3) ① $\ll 6!\gg =4$, $\ll 8!\gg =7$, $\ll 9!\gg =7$

② 208

解き方

1 (1) $-4^2 \div 8 - (-5) = -16 \div 8 + 5 = -2 + 5 = 3$

(2) $(-2)^3 \times 3 + (-4^2) = (-8) \times 3 + (-16)$
$= -24 - 16 = -40$

(3) $\dfrac{5}{6} + \left(-\dfrac{1}{3}\right)^2 \div \left(-\dfrac{10}{27}\right) = \dfrac{5}{6} + \dfrac{1}{9} \div \left(-\dfrac{10}{27}\right) = \dfrac{5}{6} - \dfrac{3}{10} = \dfrac{8}{15}$

(4) $\dfrac{1}{3} - \left(-\dfrac{2}{3}\right)^2 \times \left(-\dfrac{1}{2}\right)^3 = \dfrac{1}{3} - \dfrac{4}{9} \times \left(-\dfrac{1}{8}\right) = \dfrac{1}{3} + \dfrac{1}{18} = \dfrac{7}{18}$

(5) $20 \times \left\{-1.25 + \left(\dfrac{3}{4}\right)^2\right\} = 20 \times \left(-\dfrac{5}{4} + \dfrac{9}{16}\right)$
$= 20 \times \left(-\dfrac{11}{16}\right) = -\dfrac{55}{4}$

(6) $\dfrac{3}{2} + \left\{9 \times \left(-\dfrac{1}{4}\right) - (-3) \times 5\right\} \div \dfrac{3}{2}$
$= \dfrac{3}{2} + \left(-\dfrac{9}{4} + 15\right) \div \dfrac{3}{2} = \dfrac{3}{2} + \dfrac{51}{4} \times \dfrac{2}{3} = \dfrac{3}{2} + \dfrac{17}{2} = 10$

(7) $\left\{\dfrac{1}{2} \div 0.25 - \left(-\dfrac{3}{4}\right)^2\right\} \times \left(1 - \dfrac{7}{23}\right)$
$= \left(\dfrac{1}{2} \div \dfrac{1}{4} - \dfrac{9}{16}\right) \times \dfrac{16}{23} = \left(2 - \dfrac{9}{16}\right) \times \dfrac{16}{23} = \dfrac{23}{16} \times \dfrac{16}{23} = 1$

(8) $\left(-\dfrac{2}{5}\right)^3 \div \left(-\dfrac{3}{7}\right) + \left(\dfrac{2}{5}\right)^3 \times \left(-\dfrac{2}{3}\right)$
$= -\dfrac{8}{125} \div \left(-\dfrac{3}{7}\right) + \dfrac{8}{125} \times \left(-\dfrac{2}{3}\right)$
$= \dfrac{8}{125} \times \dfrac{7}{3} + \dfrac{8}{125} \times \left(-\dfrac{2}{3}\right) = \dfrac{8}{125} \times \left(\dfrac{7}{3} - \dfrac{2}{3}\right)$
$= \dfrac{8}{125} \times \dfrac{5}{3} = \dfrac{8}{75}$

(9) $\left(\dfrac{1}{18} - \dfrac{5}{12}\right)^2 \div \dfrac{13}{6^2} - \left(\dfrac{5}{6}\right)^2$
$= \left(-\dfrac{13}{36}\right)^2 \div \dfrac{13}{36} - \dfrac{25}{36} = \dfrac{13}{36} - \dfrac{25}{36} = -\dfrac{1}{3}$

2 (1) 3つの数の和は，ななめでそろっているところから，$12 + 14 + 16 = 42$ になるので，
① $42 - (-18 + 12) = 48$
同じように他の空らんもうめていく。

(2) 4つの数の和は，縦でそろっているところから，$-10 - 3 - 5 + 2 = -16$ になるので，
① $-16 - (1 - 10 + 4) = -11$

3 (1) 最大公約数が 31 より，$m = 31 \times p$，$n = 31 \times q$ とすると，$m \times n = 31 \times p \times 31 \times q$ となる。
$31713 = 3 \times 11 \times 31 \times 31$ より，$p \times q = 3 \times 11 = 33$
最小公倍数は，$31 \times p \times q$ となるので，$31 \times 33 = 1023$

(2) ① $64 = 2^6$ より，$6 + 1 = 7$（個）
② $64 \times p = 2^6 \times p$ の p は 2 と異なる素数より，約数の個数は，$(6+1) \times (1+1) = 14$（個）

⚠ ここに注意 ある自然数 A の約数の個数を求めたいとき，A を素因数分解する。$A = a^n \times b^m$ となるとき，約数の個数は，$(n+1) \times (m+1)$ で求めることができる。

(3) ① $\ll 6!\gg$ は 1 から 6 までに，2 を 1 個以上ふくむ個数は，$6 \div 2 = 3$（個）
2 個以上ふくむ個数は，$6 \div 2^2 = 6 \div 4 = 1$ 余り 2 より，1 個。
よって，2 の指数は $3 + 1 = 4$（個）になるので，$\ll 6!\gg = 4$
$\ll 8!\gg$ も同様に求めると，
$8 \div 2 = 4$，$8 \div 2^2 = 2$，$8 \div 2^3 = 1$ より，
$4 + 2 + 1 = 7$（個）
よって，$\ll 8!\gg = 7$
$\ll 9!\gg$ は $\ll 8!\gg$ から 2 の個数は増えないので，$\ll 9!\gg = 7$
② 1 から 212 までで，素因数分解したときに 2 を 1 個以上ふくむのは，
$212 \div 2 = 106$（個）
同様に，2 個以上ふくむもの，3 個以上ふくむもの…と順に求めていくと，
$212 \div 2^2 = 212 \div 4 = 53$（個）
$212 \div 2^3 = 212 \div 8 = 26$ 余り 4 → 26 個
$212 \div 2^4 = 212 \div 16 = 13$ 余り 4 → 13 個
$212 \div 2^5 = 212 \div 32 = 6$ 余り 20 → 6 個
$212 \div 2^6 = 212 \div 64 = 3$ 余り 20 → 3 個
$212 \div 2^7 = 212 \div 128 = 1$ 余り 84 → 1 個
8 個以上ふくむものはないので，7 個以下までのものの個数を合計すると，
$106 + 53 + 26 + 13 + 6 + 3 + 1 = 208$（個）となる。よって，$\ll 212!\gg = 208$

第 2 章 文 字 と 式

5│文字式の表し方

Step A 　**解答** 　本冊▶p.18〜p.19

1 (1) $16a$ (2) $4(x+y)$ (3) $3a - 2b$ (4) $-xy$
(5) $ax - 2by$ (6) $-5xyz$ (7) $-3x - 5(a+b)$
(8) $-6a + 2b$ (9) $-6a + 5b$
(10) $0.1(a+b) - 0.01(x+y)$

2 (1) $7a^2b^2$ (2) a^3b^3 (3) $-6x^2y^3$ (4) $-2x^3y^2$

3 (1) $3 \times x \times x \times y \times y \times y$
(2) $a \times a \times a \times a \times b \times b - 2 \times c \times c \times c$

(3) $4 \times (x - 2 \times y) - 5 \times z \times z$

4 (1) $\dfrac{3y}{2}$　(2) $\dfrac{x}{yz}$　(3) $\dfrac{7x-6}{8z}$

5 (1) $\dfrac{7a}{6}$　(2) $\dfrac{x}{5} - 3y$　(3) $\dfrac{ac}{b} - \dfrac{x}{2}$　(4) $\dfrac{x^2}{y^3}$

　　(5) $\dfrac{2a}{bcd}$　(6) $2 + \dfrac{3a}{5b}$　(7) $\dfrac{x+2}{y} + y(x-3)$

　　(8) $-2ab - \dfrac{ab}{3}$

6 (1) $3 \times b \div 4 \div a$　(2) $(2-a) \div x \div y$

　　(3) $2 \times x \div 3 \div y - 4 \times y \div 5 \div b$

7 (1) $32a$　(2) $-1.8x$　(3) $9b$

　　(4) $-4x$　(5) $\dfrac{x}{2}$　(6) $-\dfrac{3}{2}b$

解き方

5 除法をふくむ式では,わる数や式を逆数の形にして,乗法になおす。

(1) $a \div 6 \times 7 = a \times \dfrac{1}{6} \times 7 = \dfrac{a \times 7}{6} = \dfrac{7a}{6}$

(2) $x \div 5 - 3 \times y = \dfrac{x}{5} - 3y$

(3) $a \div b \times c - x \div 2 = \dfrac{a \times c}{b} - \dfrac{x}{2} = \dfrac{ac}{b} - \dfrac{x}{2}$

(4) $x \times x \div y \div y \div y = \dfrac{x \times x}{y \times y \times y} = \dfrac{x^2}{y^3}$

(5) $a \div b \div d \times 2 \div c = \dfrac{a \times 2}{b \times d \times c} = \dfrac{2a}{bcd}$

(6) $2 + 3 \times a \div b \div 5 = 2 + \dfrac{3 \times a}{b \times 5} = 2 + \dfrac{3a}{5b}$

(7) $(x+2) \div y + y \times (x-3) = \dfrac{x+2}{y} + y(x-3)$

(8) $-2 \times (-a) \times (-b) + a \div (-3) \times b$

　　$= -2ab - \dfrac{a \times b}{3} = -2ab - \dfrac{ab}{3}$

7 数どうしの計算結果に文字をかける。

(1) $-8a \times (-4) = -8 \times (-4) \times a = 32a$

(4) $(-16x) \div 4 = -\dfrac{16x}{4} = -4x$

(6) $\dfrac{9}{10}b \div \left(-\dfrac{3}{5}\right) = \dfrac{9}{10} \times \left(-\dfrac{5}{3}\right) \times b = -\dfrac{3}{2}b$

6│数量を表す式

Step A 解答　本冊▶p.20〜p.21

1 (1) $8a$ 円　(2) $(130x + 750)$ g

　　(3) $(50a + 84b)$ 円　(4) $\left(\dfrac{a+b+c}{3}\right)$ 点

　　(5) 時速 $\dfrac{x}{y}$ km　(6) $2(a+b)$ cm　(7) $\pi r^2 \text{cm}^2$

　　(8) $xyz \, \text{cm}^3$

2 (1) $(a - 10b)$ 円　(2) $\left(a - \dfrac{ab}{10}\right)$ 人　(3) $0.8a$ 円

---

(4) $\left(x - \dfrac{3y}{50}\right)$ km　(5) $100p + 10q + r$

(6) $\left(\dfrac{3x+y}{4}\right)$ 点　(7) $\dfrac{xy}{100}$ a

解き方

1 (1) $a \times 8 = 8a$ (円)

(2) $130 \times x + 750 = 130x + 750$ (g)

(3) $50 \times a + 84 \times b = 50a + 84b$ (円)

(4) $(a + b + c) \div 3 = \dfrac{a+b+c}{3}$ (点)

(5) 時速 $x \div y = \dfrac{x}{y}$ (km)

(6) $(a + b) \times 2 = 2(a+b)$ (cm)

　　別解 縦と横が二つずつあるので

　　$a \times 2 + b \times 2 = 2a + 2b$ (cm)

(7) $r \times r \times \pi = \pi r^2$ (cm²)

(8) $x \times y \times z = xyz$ (cm³)

2 (1) $a - b \times 10 = a - 10b$ (円)

(2) b 割は計算のとき,$\dfrac{b}{10}$になおす。男女の合計から,男子の人数をひくと考える。

　　$a - a \times \dfrac{b}{10} = a - \dfrac{ab}{10}$ (人)

　　別解 女性の割合は $\left(1 - \dfrac{b}{10}\right)$ なので,

　　$a \times \left(1 - \dfrac{b}{10}\right) = a\left(1 - \dfrac{b}{10}\right)$ (人)

(3) 何割引きの場合,もとの値段 × (1 − 値引きの割合)で代金を求められる。2 割は計算のとき,0.2 になおす。

　　$a \times (1 - 0.2) = 0.8a$ (円)

(4) 単位が km なので,進んだ道のりの単位を m から km になおす。

　　進んだ道のりは,$60 \times y = 60y$ (m)

　　単位を km になおすと,$60y \div 1000 = \dfrac{3y}{50}$ (km)

　　よって,残りの道のりは,$x - \dfrac{3y}{50}$ (km)

(5) $100 \times p + 10 \times q + r = 100p + 10q + r$

(6) 3 人の平均点から 3 人の得点の和を求め,4 人目の点数を加えて,4 でわる。

　　$(x \times 3 + y) \div 4 = \dfrac{3x+y}{4}$ (点)

(7) 単位を m² から,a になおす。

　　$x \times y \div 100 = \dfrac{xy}{100}$ (a)

Step B 解答　本冊▶p.22〜p.23

1 (1) $(100a + b)$ cm　(2) $(60x + y)$ 秒

(3) $(x+1000y)\,\mathrm{kg}$　(4) $\left(a+\dfrac{b}{1000}\right)\mathrm{L}$

2 (1) $(800+80a-b)$円　(2) $25x\,\mathrm{g}$

(3) $(2a+3b)\,\mathrm{g}$　(4) $\dfrac{2}{3}x\,\mathrm{km}$　(5) $\dfrac{a}{9}$時間

(6) $3x+y$　(7) $n+2$

3 (1) $(3a-50)$円　(2) $\dfrac{b-a}{a}$　(3) $\dfrac{1000x}{100+y}$分後

(4) $(3m-2n)\,\mathrm{kg}$　(5) $\dfrac{100-a}{20}$%

4 (1) b を底辺としたときの，平行四辺形の高さ。

(2) 半円のまわりの長さ

解き方

1 (1) $a\,\mathrm{m}$ を cm になおすと，$100\times a=100a\,(\mathrm{cm})$

(2) x 分を秒になおすと，$60\times x=60x\,(秒)$

(3) $y\,\mathrm{t}$ を kg になおすと，$1000\times y=1000y\,(\mathrm{kg})$

(4) $b\,\mathrm{cm}^3$ を L になおすと，$b\div1000=\dfrac{b}{1000}\,(\mathrm{L})$

2 (1) $800+800\times\dfrac{a}{10}-b=800+80a-b\,(円)$

別解 利益をつける場合，もとの値段×(1＋利益の割合)で定価を求められるので，

$800\times\left(1+\dfrac{a}{10}\right)-b=800\left(1+\dfrac{a}{10}\right)-b\,(円)$

(2) 食塩水全体の重さは，食塩の重さ÷濃度 より，

$x\div0.04=x\div\dfrac{1}{25}=x\times25=25x\,(\mathrm{g})$

(3) 食塩の重さは，食塩水の重さ×濃度 より，

$200\times\dfrac{a}{100}+300\times\dfrac{b}{100}=2a+3b\,(\mathrm{g})$

(4) 単位が分なので，時間になおす。

$40\,分=\dfrac{40}{60}\,時間=\dfrac{2}{3}\,時間$

$x\times\dfrac{2}{3}=\dfrac{2}{3}x\,(\mathrm{km})$

(5) 往復するので，距離は $2\times a=2a\,(\mathrm{km})$

単位が時間なので，分速300mを時速になおすと，$300\times60\div1000=18\,(\mathrm{km})$

$2a\div18=\dfrac{a}{9}\,(時間)$

(6) わられる数＝わる数×商＋余り なので，

$3\times x+y=3x+y$

(7) 連続する数は1ずつ増えていくので，最小の数は n，次の数は $n+1$，最大の数は $n+2$ になる。

3 (1) $a\times3-50=3a-50\,(円)$

(2) 利益は，売値－仕入れ値 で求められる。

$(b-a)\div a=\dfrac{b-a}{a}$

(3) $x\,\mathrm{km}=1000x\,\mathrm{m}$

2人が出会うまでの時間は，

2人の間の道のり÷速さの和 で求められる。

$1000x\div(100+y)=\dfrac{1000x}{100+y}\,(分後)$

(4) A，B，C の体重の和から，B，C の体重の和をひいて，A の体重を求める。

$m\times3-n\times2=3m-2n\,(\mathrm{kg})$

(5) 最終的な食塩の重さは，5% の食塩水 $(100-a)\,\mathrm{g}$ にふくまれている食塩と等しい。また食塩水全体の重さは変わっていない。

$(100-a)\times\dfrac{5}{100}\div100\times100=\dfrac{100-a}{20}\,(\%)$

4 (1) ahは面積で，高さ＝面積÷底辺 なので，$\dfrac{ah}{b}$ は底辺を b としたときの高さを表している。

(2) 半円の曲線部分(弧)の長さは $\dfrac{2\pi r}{2}=\pi r$ で，$2r$ は半円の直線部分の長さなので，$\pi r+2r$ は半円のまわりの長さを表している。

7 | 1 次式の計算

Step A **解答**

本冊▶p.24〜p.25

1 (1) $7x$　(2) $5x$　(3) $6x$　(4) $\dfrac{5}{3}a$　(5) $-\dfrac{1}{4}b$

(6) $\dfrac{3}{14}x$　(7) $-\dfrac{7}{15}y$　(8) $-\dfrac{19}{15}a$　(9) $1.9c$

2 (1) $9x+13$　(2) $-6a-8$

(3) $-4y+2$　(4) $-12b-6$

3 (1) $3a+6$　(2) $-2x+6$　(3) $8a-16$

(4) $1.6b-2.4$　(5) $2a-3$　(6) $9b-3$

4 (1) $2a+3$　(2) $-2x+3$　(3) $2b+4$

(4) $-\dfrac{2}{5}p-1$　(5) $25x-10$　(6) $-\dfrac{2}{3}b+\dfrac{1}{4}$

5 (1) $7x+1$　(2) $-2a-6$

(3) $9y-6$　(4) $-2b-2$

6 (1) $5a-7$　(2) $-6y-7$　(3) $9x+1$

(4) $-\dfrac{1}{3}a-1$　(5) $4a-10$　(6) $-16x-12$

(7) $x-2$

解き方

1 (1) $2x+5x=(2+5)x=7x$

(2) $8x-3x=(8-3)x=5x$

(3) $7x-x=(7-1)x=6x$

(4) $\dfrac{a}{3}+\dfrac{4}{3}a=\left(\dfrac{1}{3}+\dfrac{4}{3}\right)a=\dfrac{5}{3}a$

9

(5) $\dfrac{b}{2} - \dfrac{3}{4}b = \left(\dfrac{1}{2} - \dfrac{3}{4}\right)b = -\dfrac{1}{4}b$

(6) $\dfrac{x}{2} - \dfrac{2}{7}x = \left(\dfrac{1}{2} - \dfrac{2}{7}\right)x = \dfrac{3}{14}x$

(7) $\dfrac{y}{5} - \dfrac{2}{3}y = \left(\dfrac{1}{5} - \dfrac{2}{3}\right)y = -\dfrac{7}{15}y$

(8) $-\dfrac{2}{3}a - \dfrac{3}{5}a = \left(-\dfrac{2}{3} - \dfrac{3}{5}\right)a = -\dfrac{19}{15}a$

(9) $0.5c + 1.4c = (0.5 + 1.4)c = 1.9c$

2 (1) $3x + 5 + 6x + 8 = 3x + 6x + 5 + 8 = 9x + 13$

(2) $-2a - 3 - 4a - 5 = -2a - 4a - 3 - 5 = -6a - 8$

(3) $4y - 3 - 8y + 5 = 4y - 8y - 3 + 5 = -4y + 2$

(4) $-5b + 2 - 7b - 8 = -5b - 7b + 2 - 8 = -12b - 6$

3 (1) $3(a + 2) = 3 \times a + 3 \times 2 = 3a + 6$

(2) $-2(x - 3) = -2 \times x - (-2) \times 3 = -2x + 6$

(3) $(-2a + 4) \times (-4) = -2a \times (-4) + 4 \times (-4)$
$= 8a - 16$

(4) $(4b - 6) \times 0.4 = 4b \times 0.4 - 6 \times 0.4 = 1.6b - 2.4$

(5) $\dfrac{1}{3}(6a - 9) = \dfrac{1}{3} \times 6a - \dfrac{1}{3} \times 9 = 2a - 3$

(6) $-\dfrac{3}{4}(-12b + 4) = -\dfrac{3}{4} \times (-12b) + \left(-\dfrac{3}{4}\right) \times 4$
$= 9b - 3$

4 (1) $(4a + 6) \div 2 = (4a + 6) \times \dfrac{1}{2}$
$= 4a \times \dfrac{1}{2} + 6 \times \dfrac{1}{2} = 2a + 3$

(2) $(6x - 9) \div (-3) = 6x \times \left(-\dfrac{1}{3}\right) - 9 \times \left(-\dfrac{1}{3}\right) = -2x + 3$

(3) $(-10b - 20) \div (-5) = (-10b) \times \left(-\dfrac{1}{5}\right) - 20 \times \left(-\dfrac{1}{5}\right)$
$= 2b + 4$

(4) $\left(\dfrac{4}{5}p + 2\right) \div (-2) = \dfrac{4}{5}p \times \left(-\dfrac{1}{2}\right) + 2 \times \left(-\dfrac{1}{2}\right)$
$= -\dfrac{2}{5}p - 1$

(5) $(-15x + 6) \div \left(-\dfrac{3}{5}\right) = -15x \times \left(-\dfrac{5}{3}\right) + 6 \times \left(-\dfrac{5}{3}\right)$
$= 25x - 10$

(6) $\left(\dfrac{4}{9}b - \dfrac{1}{6}\right) \div \left(-\dfrac{2}{3}\right) = \dfrac{4}{9}b \times \left(-\dfrac{3}{2}\right) - \dfrac{1}{6} \times \left(-\dfrac{3}{2}\right)$
$= -\dfrac{2}{3}b + \dfrac{1}{4}$

5 (1) $(5x - 2) + (2x + 3) = 5x - 2 + 2x + 3 = 7x + 1$

(2) $(a - 8) + (2 - 3a) = a - 8 + 2 - 3a = -2a - 6$

(3) $(3y - 4) - (2 - 6y) = 3y - 4 - 2 + 6y = 9y - 6$

(4) $(6b - 5) - (8b - 3) = 6b - 5 - 8b + 3 = -2b - 2$

<table>
<tr><td>⚠ ここに注意</td><td>(3)(4)−の後の（　）の中</td></tr>
</table>
の数は，（　）から出すと符号が逆になるので気
をつける。

6 (1) $2(a + 4) + 3(a - 5) = 2a + 8 + 3a - 15 = 5a - 7$

---

(2) $3(2y - 5) - 4(3y - 2) = 6y - 15 - 12y + 8$
$= -6y - 7$

(3) $\dfrac{1}{2}(6x - 2) - \dfrac{2}{3}(-9x - 3) = 3x - 1 + 6x + 2 = 9x + 1$

(4) $\dfrac{1}{3}(a - 1) - \dfrac{2}{3}(a + 1) = \dfrac{1}{3}a - \dfrac{1}{3} - \dfrac{2}{3}a - \dfrac{2}{3}$
$= -\dfrac{1}{3}a - 1$

(5) $\dfrac{2a - 5}{3} \times 6 = (2a - 5) \times 2 = 4a - 10$

(6) $(-20) \times \dfrac{4x + 3}{5} = -4(4x + 3) = -16x - 12$

(7) $\dfrac{6x - 12}{6} = \dfrac{6(x - 2)}{6} = x - 2$

<table>
<tr><td>⚠ ここに注意</td><td>次のように1次式の片方</td></tr>
</table>
の項だけ約分ができても，約分はできない。
$$\dfrac{\overset{1}{6}x - 1}{\underset{1}{6}} = x \times 1$$

Step **B** 解答 　　　本冊▶p.26〜p.27

1 (1) $9x + 9$　(2) $-2a - 9$　(3) $2b - 5$　(4) $-9y + 3$
(5) $-3x - 8$　(6) $-12y + 10$　(7) $-\dfrac{7}{6}p + \dfrac{3}{4}$
(8) $0.26a - 0.18$　(9) $\dfrac{3}{4}x + \dfrac{1}{5}$　(10) $-\dfrac{27}{100}y + \dfrac{52}{75}$

2 (1) $6x + 15$　(2) $0.3x - 1.2$　(3) $-2b + 3$
(4) $\dfrac{15}{32}a + \dfrac{5}{4}$　(5) $3y - 2$　(6) $20x - 10$
(7) $16x + 12$　(8) $-\dfrac{3}{5}y + \dfrac{4}{5}$

3 (1) $9x + 2$　(2) $3x - 5$　(3) $-x$　(4) $2a - 9$
(5) $3x + 5$　(6) $8x + 7$　(7) $11x - 13$　(8) $-5x + 3$

4 (1) $\dfrac{x - 5}{6}$　(2) $\dfrac{7a + 11}{15}$　(3) $-\dfrac{x}{6}$　(4) $\dfrac{9x + 1}{10}$
(5) $\dfrac{x}{15}$　(6) $\dfrac{3a + 2}{12}$　(7) $\dfrac{5a - 2}{6}$　(8) $\dfrac{5x + 7}{12}$
(9) $\dfrac{34x - 9}{12}$　(10) $\dfrac{-8x + 7}{12}$

解き方

1 (5) $5x - 3 - (8x + 5) = 5x - 3 - 8x - 5 = -3x - 8$

(6) $-3y + 2 - (9y - 8) = -3y + 2 - 9y + 8 = -12y + 10$

(7) $-\dfrac{1}{2}p + \dfrac{1}{4} - \dfrac{2}{3}p + \dfrac{1}{2} = -\dfrac{7}{6}p + \dfrac{3}{4}$

(9) $\dfrac{1}{4}x - 0.2 - \left(-0.5x - \dfrac{2}{5}\right) = \dfrac{1}{4}x - \dfrac{1}{5} + \dfrac{1}{2}x + \dfrac{2}{5}$
$= \dfrac{3}{4}x + \dfrac{1}{5}$

(10) $-0.12y + \dfrac{1}{3} - \left(\dfrac{3}{20}y - 0.36\right) = -\dfrac{3}{25}y + \dfrac{1}{3} - \dfrac{3}{20}y + \dfrac{9}{25}$
$= -\dfrac{27}{100}y + \dfrac{52}{75}$

2 (1) $3(2x+5)=3\times2x+3\times5=6x+15$

(2) $0.3(x-4)=0.3\times x-0.3\times4=0.3x-1.2$

(3) $-\dfrac{1}{3}(6b-9)=-\dfrac{1}{3}\times6b-\left(-\dfrac{1}{3}\right)\times9=-2b+3$

(4) $\left(\dfrac{3}{4}a+2\right)\times\dfrac{5}{8}=\dfrac{3}{4}a\times\dfrac{5}{8}+2\times\dfrac{5}{8}=\dfrac{15}{32}a+\dfrac{5}{4}$

(5) $(9y-6)\div3=9y\div3-6\div3=3y-2$

(6) $(4x-2)\div0.2=(4x-2)\div\dfrac{1}{5}=4x\times5-2\times5$

$\qquad=20x-10$

(7) $(12x+9)\div\dfrac{3}{4}=12x\times\dfrac{4}{3}+9\times\dfrac{4}{3}=16x+12$

(8) $\left(\dfrac{1}{2}y-\dfrac{2}{3}\right)\div\left(-\dfrac{5}{6}\right)=\dfrac{1}{2}y\times\left(-\dfrac{6}{5}\right)-\dfrac{2}{3}\times\left(-\dfrac{6}{5}\right)$

$\qquad=-\dfrac{3}{5}y+\dfrac{4}{5}$

3 (1) $2(3x+4)-3(-x+2)=6x+8+3x-6=9x+2$

(2) $4(x-2)+(-x+3)=4x-8-x+3=3x-5$

(3) $2(x-3)-3(x-2)=2x-6-3x+6=-x$

(4) $6a-5-4(a+1)=6a-5-4a-4=2a-9$

(5) $5x+3-2(x-1)=5x+3-2x+2=3x+5$

(6) $3(2x+5)-2(4-x)=6x+15-8+2x=8x+7$

(7) $3(x+1)+4(x-6)+2(2x+4)$

$\qquad=3x+3+4x-24+4x+8=11x-13$

(8) $(4x+3)-2(2x-5)-5(x+2)$

$\qquad=4x+3-4x+10-5x-10=-5x+3$

4 分数の計算の場合は，通分をする。分母にかけた数を分子にもかけるのを忘れないようにする。

(1) $\dfrac{5x-3}{6}-\dfrac{2x+1}{3}=\dfrac{5x-3}{6}-\dfrac{2(2x+1)}{6}=\dfrac{5x-3-2(2x+1)}{6}$

$\qquad=\dfrac{5x-3-4x-2}{6}=\dfrac{x-5}{6}$

(2) $\dfrac{2a+1}{3}-\dfrac{a-2}{5}=\dfrac{5(2a+1)}{15}-\dfrac{3(a-2)}{15}$

$\qquad=\dfrac{5(2a+1)-3(a-2)}{15}=\dfrac{10a+5-3a+6}{15}=\dfrac{7a+11}{15}$

(3) $\dfrac{1}{3}(x-6)-\dfrac{1}{2}(x-4)=\dfrac{2(x-6)}{6}-\dfrac{3(x-4)}{6}$

$\qquad=\dfrac{2(x-6)-3(x-4)}{6}=\dfrac{2x-12-3x+12}{6}=-\dfrac{x}{6}$

(4) $\dfrac{x-1}{2}+\dfrac{2x+3}{5}=\dfrac{5(x-1)}{10}+\dfrac{2(2x+3)}{10}$

$\qquad=\dfrac{5(x-1)+2(2x+3)}{10}=\dfrac{5x-5+4x+6}{10}=\dfrac{9x+1}{10}$

(5) $\dfrac{x+3}{6}-\dfrac{x+5}{10}=\dfrac{5(x+3)}{30}-\dfrac{3(x+5)}{30}$

$\qquad=\dfrac{5(x+3)-3(x+5)}{30}=\dfrac{5x+15-3x-15}{30}=\dfrac{2x}{30}=\dfrac{x}{15}$

(6) $\dfrac{3a-1}{3}-\dfrac{3a-2}{4}=\dfrac{4(3a-1)}{12}-\dfrac{3(3a-2)}{12}$

$\qquad=\dfrac{4(3a-1)-3(3a-2)}{12}=\dfrac{12a-4-9a+6}{12}=\dfrac{3a+2}{12}$

(7) $\dfrac{1}{2}a-1+\dfrac{a+2}{3}=\dfrac{3}{6}a-\dfrac{6}{6}+\dfrac{2(a+2)}{6}$

$\qquad=\dfrac{3a-6+2(a+2)}{6}=\dfrac{3a-6+2a+4}{6}=\dfrac{5a-2}{6}$

(8) $\dfrac{3x+1}{4}-\dfrac{x-1}{3}=\dfrac{3(3x+1)-4(x-1)}{12}$

$\qquad=\dfrac{9x+3-4x+4}{12}=\dfrac{5x+7}{12}$

(9) $\dfrac{4x+1}{2}+\dfrac{x-3}{3}+\dfrac{2x-1}{4}=\dfrac{6(4x+1)+4(x-3)+3(2x-1)}{12}$

$\qquad=\dfrac{24x+6+4x-12+6x-3}{12}=\dfrac{34x-9}{12}$

(10) $\dfrac{x+1}{2}-\dfrac{2x+3}{4}-\dfrac{4x-5}{6}$

$\qquad=\dfrac{6(x+1)-3(2x+3)-2(4x-5)}{12}$

$\qquad=\dfrac{6x+6-6x-9-8x+10}{12}=\dfrac{-8x+7}{12}$

8 | 文字式の利用

Step A 解答　　　　　　　本冊▶p.28〜p.29

1 (1) 9　(2) 17　(3) 4　(4) 9　(5) 28　(6) 3

2 (1) 2　(2) -10　(3) $-\dfrac{7}{3}$　(4) -4　(5) 16　(6) -1

3 (1) $3x-4=2(y+4)$　(2) $2a=b$　(3) $35x+2=y$

4 (1) $3x+2y<5$　(2) $a-3b>4$

(3) $24a+100\leqq b$　(4) $\dfrac{235-a}{3}<b$

5 (1) $8a$　(2) 58　(3) $4n+18$

解き方

1 (1) $3x=3\times3=9$

(2) $4x+5=4\times3+5=17$

(3) $5-\dfrac{1}{3}x=5-\dfrac{1}{3}\times3=4$

(4) $x^2=3^2=9$

(5) $x^3+1=3^3+1=27+1=28$

(6) $\dfrac{3x-3}{2}=\dfrac{3\times3-3}{2}=\dfrac{6}{2}=3$

2 (1) $-a=-(-2)=2$

(2) $3a-4=3\times(-2)-4=-10$

(3) $\dfrac{a}{6}-2=\dfrac{-2}{6}-2=-\dfrac{7}{3}$

(4) $-a^2=-(-2)^2=-4$

(5) $8-a^3=8-(-2)^3=8+8=16$

(6) $\dfrac{2a+1}{3}=\dfrac{2\times(-2)+1}{3}=-1$

3 (2) $a\%$は，計算のときには$\dfrac{a}{100}$にする。

$\qquad200\times\dfrac{a}{100}=b\quad 2a=b$

11

(3) 速さの問題は，単位に気をつけて計算をする。

30 分 $=\dfrac{30}{60}$ 時間 $=\dfrac{1}{2}$ 時間

$35 \times x + 4 \times \dfrac{1}{2} = y$　$35x + 2 = y$

4 (1) $x \times 3 + y \times 2 < 5$　$3x + 2y < 5$

(2) $a - b \times 3 > 4$　$a - 3b > 4$

(3) 1 ダースは 12 本なので，2 ダースは $12 \times 2 = 24$ (本)

$a \times 24 + 100 \leqq b$　$24a + 100 \leqq b$

(4) 数学の得点は $75 + 5 = 80$ (点)，英語の得点は $80 - a$ (点) なので，

$(75 + 80 + 80 - a) \div 3 < b$　$(235 - a) \div 3 < b$

$\dfrac{235 - a}{3} < b$

5 (1) 8 列目は 8，16，24… と，8 ×行の数字 になっているので，$8 \times a = 8a$

(2) $10 + 11 + 18 + 19 = 58$

(3) 最小の数を n とすると，右隣の数は n より 1 大きいので $n + 1$，下の数は n より 8 大きいので $n + 8$ である。下の数の右隣は下の数より 1 大きいので，$n + 8 + 1 = n + 9$

よって，4 つの数の和は，

$n + n + 1 + n + 8 + n + 9 = 4n + 18$

Step B 解答

本冊 ▶ p.30～p.31

1 (1) -9　(2) 18　(3) 20　(4) -66　(5) $\dfrac{13}{12}$　(6) $\dfrac{1}{4}$

2 (1) 6　(2) 6　(3) $\dfrac{2}{3}$　(4) $\dfrac{4}{9}$　(5) $\dfrac{27}{10}$　(6) $\dfrac{22}{9}$

3 (1) $V = abh$　(2) $S = 2(ab + ah + bh)$

(3) 体積…96cm^3，表面積…136cm^2

4 (1) $a + 2 = 3b$　(2) $a = 13b + 8$　(3) $\dfrac{10}{x} \geqq y$

(4) $4x + 3y < 1000$

5 (1) 17 本　(2) $(2n + 1)$ 本

6 (1) 34 個　(2) $(7n + 6)$ 個

解き方

1 (1) $2x - 1 = 2 \times (-4) - 1 = -8 - 1 = -9$

(2) $2 - 4x = 2 - 4 \times (-4) = 2 + 16 = 18$

(3) $x^2 + 4 = (-4)^2 + 4 = 16 + 4 = 20$

(4) $x^3 - 2 = (-4)^3 - 2 = -64 - 2 = -66$

(5) $\dfrac{1}{x} + \dfrac{4}{3} = 1 \div (-4) + \dfrac{4}{3} = -\dfrac{1}{4} + \dfrac{4}{3} = \dfrac{13}{12}$

(6) $\dfrac{3}{x^2 - 4} = \dfrac{3}{(-4)^2 - 4} = \dfrac{3}{16 - 4} = \dfrac{1}{4}$

2 (1) $4a = 4 \times \dfrac{3}{2} = 6$

(2) $2a + 3 = 2 \times \dfrac{3}{2} + 3 = 3 + 3 = 6$

(3) $\dfrac{1}{a} = 1 \div \dfrac{3}{2} = \dfrac{2}{3}$

(4) $\dfrac{2}{3a} = 2 \div \left(3 \times \dfrac{3}{2}\right) = 2 \div \dfrac{9}{2} = \dfrac{4}{9}$

(5) $\dfrac{6}{5}a^2 = \dfrac{6}{5} \times \left(\dfrac{3}{2}\right)^2 = \dfrac{6}{5} \times \dfrac{9}{4} = \dfrac{27}{10}$

(6) $2 + \dfrac{1}{a^2} = 2 + 1 \div \left(\dfrac{3}{2}\right)^2 = 2 + 1 \div \dfrac{9}{4} = 2 + \dfrac{4}{9} = \dfrac{22}{9}$

3 (1) 直方体の体積は，縦×横×高さ より，

$V = a \times b \times h = abh$

(2) 直方体の表面積は，右の図のように，$ab\,\text{cm}^2$，$ah\,\text{cm}^2$，$bh\,\text{cm}^2$ の 3 種類の面が 2 つずつあるので，

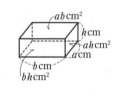

$S = (ab + ah + bh) \times 2$

　$= 2(ab + ah + bh)$

(3) (1)，(2) の式にそれぞれの数字を代入する。

$V = abh = 8 \times 3 \times 4 = 96$ (cm^3)

$S = 2(ab + ah + bh) = 2 \times (8 \times 3 + 8 \times 4 + 3 \times 4)$

　$= 2 \times (24 + 32 + 12) = 2 \times 68$

　$= 136$ (cm^2)

4 (1) a 本にあと 2 本加えれば，b 人の子どもに 1 人 3 本ずつ配れると考える。

$a + 2 = 3 \times b$　$a + 2 = 3b$

(2) $a = 13 \times b + 8$　$a = 13b + 8$

(3) $10 \div x \geqq y$　$\dfrac{10}{x} \geqq y$

(4) りんごとみかんを買っておつりがあったということは，合計の代金が 1000 円より少なかったと考える。

$x \times 4 + y \times 3 < 1000$　$4x + 3y < 1000$

5 (1)

三角形の個数	1	2	3	4
マッチ棒の本数	3	5	7	9

三角形の個数とマッチ棒の本数の関係は，上の表のようになる。

1 個目は 3 本で，三角形の個数が 1 個増えるごとに，マッチ棒は 2 本ずつ増えている。

よって，三角形が 8 個のときは，

$3 + 2 \times 7 = 17$ (本)

> **🛡 ここに注意**　3，5，7，9，…のように，となり合う 2 数の差が一定である数の列を等差数列という。等差数列の N 番目の数は，はじめの数 ＋ 差 ×（$N - 1$）で求められる。

(2)前ページの公式にあてはめると，

$3+2\times(n-1)=3+2n-2=2n+1$ (本)

6 (1)

N番目	1	2	3
碁石の個数	13	20	27

N番目の図形と碁石の個数の関係は，上の表のようになる。

1番目は13個で，次の番目になるごとに7個ずつ増えている。よって，4番目は3番目より7個多いので，

$27+7=34$ (個)

(2) $13+7\times(n-1)=13+7n-7=7n+6$ (個)

Step C-① 　解答　　　　　　　本冊▶p.32〜p.33

1 (1) $(3600x+y)$ 秒　(2) $\dfrac{ap}{10}$ 円　(3) 時速 $\dfrac{3}{50}x$ km

(4) $10brg$

2 (1) $-2a+16$　(2) $-4x-22$　(3) $-5b-7$

(4) $\dfrac{-5x+10}{12}$　(5) $\dfrac{82y-37}{30}$　(6) $\dfrac{-38x-23}{20}$

3 (1) $\left(1000-\dfrac{13}{2}x\right)$ 円　(2) $\dfrac{a+4b}{5}$ ％

(3) $\left(\dfrac{p}{q}+\dfrac{2}{3}\right)$ 時間

4 (1) $\dfrac{1}{12}$　(2) $\dfrac{11}{12}$　(3) 0.055

5 $3n$ 個

6 (1) 88cm　(2) $(16n+8)$ cm　(3) 1928cm

解き方

1 (1) $x\times3600+y=3600x+y$ (秒)

(2) $a\times\dfrac{p}{10}=\dfrac{ap}{10}$ (円)

(3) 時速は，$x\times60\div1000=\dfrac{3}{50}x$ (km)

(4) $b\times1000\times\dfrac{r}{100}=10br$ (g)

2 (1) $4(a+1)-3(2a-4)=4a+4-6a+12$
$\qquad=-2a+16$

(2) $-4(3+6x)+5(4x-2)=-12-24x+20x-10$
$\qquad=-4x-22$

(3) $2(3b-2)+3(-b-5)-4(2b-3)$
$\qquad=6b-4-3b-15-8b+12=-5b-7$

(4) $x-\dfrac{3x-2}{4}+\dfrac{-2x+1}{3}=\dfrac{12x}{12}-\dfrac{3(3x-2)}{12}+\dfrac{4(-2x+1)}{12}$

$\qquad=\dfrac{12x-3(3x-2)+4(-2x+1)}{12}=\dfrac{12x-9x+6-8x+4}{12}$

$\qquad=\dfrac{-5x+10}{12}$

(5) $\dfrac{4y-1}{2}-\dfrac{-y-2}{3}+\dfrac{2y-7}{5}$

$\qquad=\dfrac{15(4y-1)}{30}-\dfrac{10(-y-2)}{30}+\dfrac{6(2y-7)}{30}$

$\qquad=\dfrac{15(4y-1)-10(-y-2)+6(2y-7)}{30}$

$\qquad=\dfrac{60y-15+10y+20+12y-42}{30}=\dfrac{82y-37}{30}$

(6) $-0.2(x-3)-\dfrac{2x+1}{4}+0.3(-4x-5)$

$\qquad=-\dfrac{1}{5}(x-3)-\dfrac{2x+1}{4}+\dfrac{3}{10}(-4x-5)$

$\qquad=-\dfrac{4(x-3)}{20}-\dfrac{5(2x+1)}{20}+\dfrac{6(-4x-5)}{20}$

$\qquad=\dfrac{-4(x-3)-5(2x+1)+6(-4x-5)}{20}$

$\qquad=\dfrac{-4x+12-10x-5-24x-30}{20}=\dfrac{-38x-23}{20}$

3 (1) $1000-(x\times5+x\div2\times3)=1000-\left(5x+\dfrac{3}{2}x\right)$

$\qquad=1000-\dfrac{13}{2}x$ (円)

(2) 2つの食塩水を混ぜたときの濃度は，

食塩の重さの合計÷食塩水の重さの合計　で求められる。

$\left(100\times\dfrac{a}{100}+400\times\dfrac{b}{100}\right)\div(100+400)\times100$

$=(a+4b)\div500\times100=\dfrac{a+4b}{5}$ (％)

(3) 40分を時間になおすと，$\dfrac{40}{60}=\dfrac{2}{3}$ 時間

$p\div q+\dfrac{2}{3}=\dfrac{p}{q}+\dfrac{2}{3}$ (時間)

4 (1) $\dfrac{1}{x}-\dfrac{1}{y}=\dfrac{1}{4}-\dfrac{1}{6}=\dfrac{1}{12}$

(2) $a^2-2b=\left(\dfrac{1}{2}\right)^2-2\times\left(-\dfrac{1}{3}\right)=\dfrac{1}{4}+\dfrac{2}{3}=\dfrac{11}{12}$

(3) $-2a^2-5b^3=-2\times(0.2)^2-5\times(-0.3)^3$
$\qquad=-2\times0.04-5\times(-0.027)=-0.08+0.135=0.055$

5 n 番目の三角形の碁石の個数は，$3\times n=3n$ (個)

6 (1) 1個の正方形のとき，周の長さは，$6\times4=24$ (cm)

2個の正方形のとき，周の長さは，下の図のように大きな長方形として考える。

$(12+8)\times2=40$ (cm)

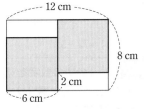
12 cm
8 cm
2 cm
6 cm

3個のときも同じように考えると，

$(18+10)\times2=56$ (cm)

1個正方形が増えるごとに，16cm 長くなっている。

13

よって，5個の正方形を並べたときの長さは，

$24+16\times(5-1)=24+16\times4=24+64=88$ (cm)

(2) $24+16\times(n-1)=24+16n-16=16n+8$ (cm)

(3) (2)の式に，$n=120$ を代入する。

$16\times120+8=1928$ (cm)

Step C-② 解答 本冊▶p.34～p.35

1 (1) $-13a+33$ (2) $-x-1.4$ (3) $-3x+33$

(4) $22x-11$ (5) $7x+5$ (6) $\dfrac{77}{240}x-\dfrac{163}{30}$

2 (1) $-\dfrac{1}{4}$ (2) $-\dfrac{21}{2}$

3 (1) $-3x-5$ (2) $11x+15$ (3) $-\dfrac{x}{6}-\dfrac{5}{12}$

(4) $1.4x+1.7$

4 (1) $\dfrac{20}{a}=\dfrac{1000}{3b}-\dfrac{1}{4}$ (2) $n=15a+bx-15b+7$

(3) $36+2k\geqq40$ (4) $50a-100>500$

(5) $x^2+y^2<50$

5 いちばん小さい数を n とすると，連続する数は，n，$n+1$，$n+2$ の3つになる。その3つの数の和は，$n+n+1+n+2=3n+3$ となる。

6 (1) 22cm (2) $(6n-2)$cm

解き方

1 (1) $3(a+2)-5(2a-3)+2(-3a+6)$

$=3a+6-10a+15-6a+12=-13a+33$

(2) $0.4(2x+4)-0.6(3x+5)=0.8x+1.6-1.8x-3$

$=-x-1.4$

(3) $\left(\dfrac{6x+4}{5}-\dfrac{3x-5}{2}\right)\times10=\dfrac{6x+4}{5}\times10-\dfrac{3x-5}{2}\times10$

$=2(6x+4)-5(3x-5)=12x+8-15x+25$

$=-3x+33$

(4) $\left(\dfrac{4x+4}{3}+\dfrac{2x-9}{4}\right)\div\dfrac{1}{12}=\left(\dfrac{4x+4}{3}+\dfrac{2x-9}{4}\right)\times12$

$=\dfrac{4x+4}{3}\times12+\dfrac{2x-9}{4}\times12=4(4x+4)+3(2x-9)$

$=16x+16+6x-27=22x-11$

(5) $\dfrac{1}{4}(4x+8)-\dfrac{2}{3}(-6x-3)+\dfrac{1}{5}(10x+5)$

$=x+2+4x+2+2x+1=7x+5$

> **⚠ ここに注意** （ ）の中の数字を見て，簡単に約分ができそうだったら，通分せずに，先に（ ）をはずす計算をする。

(6) $\dfrac{1}{3}(x+0.2)-0.4\left(\dfrac{1}{2}x-5\right)+\dfrac{3}{4}(0.25x-10)$

$=\dfrac{1}{3}\left(x+\dfrac{1}{5}\right)-\dfrac{2}{5}\left(\dfrac{1}{2}x-5\right)+\dfrac{3}{4}\left(\dfrac{1}{4}x-10\right)$

$=\dfrac{1}{3}x+\dfrac{1}{15}-\dfrac{1}{5}x+2+\dfrac{3}{16}x-\dfrac{15}{2}$

$=\dfrac{77}{240}x-\dfrac{163}{30}$

2 (1) $3(x^2+y^3)-\dfrac{1}{9}=3\times\left\{\left(\dfrac{1}{2}\right)^2+\left(-\dfrac{2}{3}\right)^3\right\}-\dfrac{1}{9}$

$=3\times\left(\dfrac{1}{4}-\dfrac{8}{27}\right)-\dfrac{1}{9}=3\times\left(-\dfrac{5}{108}\right)-\dfrac{1}{9}=-\dfrac{5}{36}-\dfrac{1}{9}$

$=-\dfrac{9}{36}=-\dfrac{1}{4}$

(2) $5(x^3-5y^2)-\dfrac{7}{8}=5\times\left\{\left(-\dfrac{1}{2}\right)^3-5\times\left(\dfrac{3}{5}\right)^2\right\}-\dfrac{7}{8}$

$=5\times\left(-\dfrac{1}{8}-\dfrac{9}{5}\right)-\dfrac{7}{8}=5\times\left(-\dfrac{77}{40}\right)-\dfrac{7}{8}=-\dfrac{77}{8}-\dfrac{7}{8}$

$=-\dfrac{84}{8}=-\dfrac{21}{2}$

3 (1) $A+2B=x+1+2(-2x-3)=x+1-4x-6$

$=-3x-5$

(2) $3A-4B=3(x+1)-4(-2x-3)=3x+3+8x+12$

$=11x+15$

(3) $\dfrac{1}{3}A+\dfrac{1}{4}B=\dfrac{1}{3}(x+1)+\dfrac{1}{4}(-2x-3)$

$=\dfrac{x}{3}+\dfrac{1}{3}-\dfrac{x}{2}-\dfrac{3}{4}=-\dfrac{x}{6}-\dfrac{5}{12}$

(4) $0.8A-0.3B=0.8(x+1)-0.3(-2x-3)$

$=0.8x+0.8+0.6x+0.9=1.4x+1.7$

4 (1) 単位を時間にそろえる。分速 b m を時速になおすと，$b\times60\div1000=\dfrac{3b}{50}$ (km)

$20\div a=20\div\dfrac{3b}{50}-\dfrac{15}{60}$ $\dfrac{20}{a}=\dfrac{1000}{3b}-\dfrac{1}{4}$

(2) $n=a\times15+b\times(x-15)+7$ $n=15a+bx-15b+7$

(3) $\{6+(12+k)\}\times2\geqq40$ $(18+k)\times2\geqq40$

$36+2k\geqq40$

(4) 定価で売ったときの利益は，

$500\times\dfrac{a}{10}=50a$ (円)

100円引きしたときの利益は，

$50a-100$ (円)より，

$50a-100>500$

(5) $x\times x+y\times y<50$ $x^2+y^2<50$

6 (1)

N 番目	1	2	3
周の長さ	4	10	16

N 番目の図形の周の長さは上の表のような関係になっている。

1番目は4cmで，6cmずつ長くなっている。

4番目は3番目より6cm長くなるので，

$16+6=22$ (cm)

(2) $4+6\times(n-1)=4+6n-6=6n-2$ (cm)

9│1次方程式の解き方

Step A 解答

本冊▶p.36〜p.37

1 (1) × (2) ○ (3) ○ (4) × (5) × (6) ○

2 (1) $x=15$ (2) $x=-14$ (3) $x=9$

(4) $x=-7$ (5) $x=12$ (6) $x=10.7$

(7) $x=2$ (8) $x=\dfrac{1}{4}$ (9) $x=-\dfrac{3}{4}$

3 (1) $x=24$ (2) $x=-15$ (3) $x=3$

(4) $x=8$ (5) $x=-4$ (6) $x=-\dfrac{7}{4}$

4 (1) $x=35$ (2) $x=16$ (3) $x=24$

(4) $x=-36$ (5) $x=40$ (6) $x=\dfrac{6}{5}$

5 (1) $x=4$ (2) $x=7$ (3) $x=-9$ (4) $x=1$

(5) $x=27$ (6) $x=76$ (7) $x=-\dfrac{1}{2}$ (8) $x=\dfrac{1}{8}$

(9) $x=0$ (10) $x=1$ (11) $x=10$ (12) $x=\dfrac{25}{3}$

解き方

1 xに4を代入して，等号が成り立つかどうか確認する。

(1) $x-7=10$
$4-7=10$
$-3=10$
成り立たない

(2) $3x-2=14-x$
$3\times4-2=14-4$
$12-2=14-4$
$10=10$
成り立つ

(3) $6x+8=9x-4$
$6\times4+8=9\times4-4$
$24+8=36-4$
$32=32$
成り立つ

(4) $2x+5=4x-8$
$2\times4+5=4\times4-8$
$8+5=16-8$
$13=8$
成り立たない

(5) $4x-7=3x+1$
$4\times4-7=3\times4+1$
$16-7=12+1$
$9=13$
成り立たない

(6) $8x-7=5(x+1)$
$8\times4-7=5(4+1)$
$32-7=5\times5$
$25=25$
成り立つ

2 左辺をx，右辺を数字だけにする。

(1) $x-8=7$
$x-8+8=7+8$
$x=15$

(2) $x+5=-9$
$x+5-5=-9-5$
$x=-14$

(3) $x-3=6$
$x-3+3=6+3$
$x=9$

(4) $x+12=5$
$x+12-12=5-12$
$x=-7$

(5) $-3+x=9$
$-3+x+3=9+3$
$x=12$

(6) $x-4.7=6$
$x-4.7+4.7=6+4.7$
$x=10.7$

(7) $x-\dfrac{1}{3}=\dfrac{5}{3}$
$x-\dfrac{1}{3}+\dfrac{1}{3}=\dfrac{5}{3}+\dfrac{1}{3}$
$x=2$

(8) $x+\dfrac{3}{4}=1$
$x+\dfrac{3}{4}-\dfrac{3}{4}=1-\dfrac{3}{4}$
$x=\dfrac{1}{4}$

(9) $0.5+x=-\dfrac{1}{4}$
$0.5+x-0.5=-\dfrac{1}{4}-0.5$
$x=-\dfrac{1}{4}-\dfrac{1}{2}$
$x=-\dfrac{3}{4}$

3 (1) $2x=48$
$2x\div2=48\div2$
$x=24$

(2) $-5x=75$
$-5x\div(-5)=75\div(-5)$
$x=-15$

(3) $-16x=-48$
$-16x\div(-16)=-48\div(-16)$
$x=3$

(4) $-7x=-56$
$-7x\div(-7)=-56\div(-7)$
$x=8$

(5) $-18x=72$
$-18x\div(-18)=72\div(-18)$
$x=-4$

(6) $12x=-21$
$12x\div12=-21\div12$
$x=-\dfrac{7}{4}$

4 $\dfrac{x}{a}$や$\dfrac{1}{a}x$の形の場合は，aをかければxになる。

(1) $\dfrac{x}{7}=5$
$\dfrac{x}{7}\times7=5\times7$
$x=35$

(2) $\dfrac{1}{2}x=8$
$\dfrac{1}{2}x\times2=8\times2$
$x=16$

(3) $\dfrac{x}{3}=8$
$\dfrac{x}{3}\times3=8\times3$
$x=24$

(4) $\dfrac{1}{12}x=-3$
$\dfrac{1}{12}x\times12=-3\times12$
$x=-36$

(5) 10や100をかけて，簡単にしてから計算する。
$1.2x=48$
$1.2x\times10=48\times10$
$12x=480$
$12x\div12=480\div12$
$x=40$

(6) 分母の数をかけて，簡単にしてから計算する。
$-\dfrac{5x}{3}=-2$
$-\dfrac{5x}{3}\times3=-2\times3$
$-5x=-6$
$-5x\div(-5)=-6\div(-5)$
$x=\dfrac{6}{5}$

5 左辺に x をふくむ項だけ残してから，x を求める。

(1) $3x+7=19$
$3x+7-7=19-7$
$3x=12$
$3x\div3=12\div3$
$x=4$

(2) $2x-6=8$
$2x-6+6=8+6$
$2x=14$
$2x\div2=14\div2$
$x=7$

(3) $30-6x=84$
$30-6x-30=84-30$
$-6x=54$
$-6x\div(-6)=54\div(-6)$
$x=-9$

(4) $0.8x+1.6=2.4$
$(0.8x+1.6)\times10=2.4\times10$
$8x+16=24$
$8x+16-16=24-16$
$8x=8$
$8x\div8=8\div8$
$x=1$

(5) $\frac{1}{3}x-5=4$
$\frac{1}{3}x-5+5=4+5$
$\frac{1}{3}x=9$
$\frac{1}{3}x\times3=9\times3$
$x=27$

(6) $\frac{x}{4}-16=3$
$\frac{x}{4}-16+16=3+16$
$\frac{x}{4}=19$
$\frac{x}{4}\times4=19\times4$
$x=76$

(7) $2x+\frac{1}{4}=-\frac{3}{4}$
$2x+\frac{1}{4}-\frac{1}{4}=-\frac{3}{4}-\frac{1}{4}$
$2x=-1$
$2x\div2=-1\div2$
$x=-\frac{1}{2}$

(8) $11x-\frac{5}{8}=\frac{3}{4}$
$11x-\frac{5}{8}+\frac{5}{8}=\frac{3}{4}+\frac{5}{8}$
$11x=\frac{11}{8}$
$11x\div11=\frac{11}{8}\div11$
$x=\frac{1}{8}$

(9) $\frac{x}{2}-\frac{3}{4}=-\frac{3}{4}$
$\frac{x}{2}-\frac{3}{4}+\frac{3}{4}=-\frac{3}{4}+\frac{3}{4}$
$\frac{x}{2}=0$
$\frac{x}{2}\times2=0\times2$
$x=0$

(10) $4x-1.2=2.8$
$4x-1.2+1.2=2.8+1.2$
$4x=4$
$4x\div4=4\div4$
$x=1$

(11) $\frac{x}{5}-0.2=1.8$
$\frac{x}{5}-0.2+0.2=1.8+0.2$
$\frac{x}{5}=2$
$\frac{x}{5}\times5=2\times5$
$x=10$

(12) $-0.3x+2=-\frac{1}{2}$
$(-0.3x+2)\times10=-\frac{1}{2}\times10$
$-3x+20=-5$
$-3x+20-20=-5-20$
$-3x=-25$
$-3x\div(-3)=-25\div(-3)$
$x=\frac{25}{3}$

10 いろいろな1次方程式

Step A　解答　本冊▶p.38～p.39

1 (1) $x=7$ (2) $x=3$ (3) $x=7$
2 (1) $x=4$ (2) $x=-8$ (3) $x=-3$
(4) $x=-12$ (5) $x=-18$ (6) $x=5$
3 (1) $x=-5$ (2) $x=6$ (3) $x=2$ (4) $x=-1$
4 (1) $x=7$ (2) $x=-8$ (3) $x=2$
(4) $x=4$ (5) $x=-5$ (6) $x=7$
5 (1) $x=-6$ (2) $x=5$ (3) $x=5$ (4) $x=5$
6 (1) $x=1$ (2) $x=3$ (3) $x=5$ (4) $x=54$
7 (1) $x=12$ (2) $x=15$ (3) $x=6$
(4) $x=\frac{9}{4}$ (5) $x=3$ (6) $x=\frac{7}{2}$

解き方

1 (1) $2x-8=6$
$2x=6+8$
$2x=14$
$x=7$

(2) $30-6x=12$
$-6x=12-30$
$-6x=-18$
$x=3$

(3) $7x+2=51$
$7x=51-2$
$7x=49$
$x=7$

2 (1) $7x=-x+32$
$7x+x=32$
$8x=32$
$x=4$

(2) $4x=x-24$
$4x-x=-24$
$3x=-24$
$x=-8$

(3) $2x=-7x-27$
$2x+7x=-27$
$9x=-27$
$x=-3$

(4) $-7x=-5x+24$
$-7x+5x=24$
$-2x=24$
$x=-12$

(5) $7x=3x-72$
$7x-3x=-72$
$4x=-72$
$x=-18$

(6) $5x=-7x+60$
$5x+7x=60$
$12x=60$
$x=5$

3 (1) $4x+6=x-9$
$4x-x=-9-6$
$3x=-15$
$x=-5$

(2) $-5x+37=2x-5$
$-5x-2x=-5-37$
$-7x=-42$
$x=6$

(3) $3x-10=-5x+6$
$3x+5x=6+10$
$8x=16$
$x=2$

(4) $6x+5=-4-3x$
$6x+3x=-4-5$
$9x=-9$
$x=-1$

16

4 かっこをはずしてから解く。

(1) $3(x-4)=9$

$3x-12=9$

$3x=9+12$

$3x=21$

$x=7$

別解 共通の数でわれる場合は，先にわってから計算すると簡単になる。

$3(x-4)=9$ $\Big\}$ 両辺を3でわる

$x-4=3$

$x=3+4$

$x=7$

(2) $-4(2x+13)=12$

$2x+13=-3$

$2x=-3-13$

$2x=-16$

$x=-8$

(3) $7x-(2x+4)=6$

$7x-2x-4=6$

$5x=6+4$

$5x=10$

$x=2$

(4) $6-(3x-7)=1$

$6-3x+7=1$

$-3x+13=1$

$-3x=1-13$

$-3x=-12$

$x=4$

(5) $3x-2(4x+5)=15$

$3x-8x-10=15$

$-5x=15+10$

$-5x=25$

$x=-5$

(6) $5(x-9)=-4x+18$

$5x-45=-4x+18$

$5x+4x=18+45$

$9x=63$

$x=7$

5 分母の最小公倍数をかけて，整数にしてから計算する。

(1) $1+\dfrac{1}{2}x=\dfrac{1}{3}x$

$\left(1+\dfrac{1}{2}x\right)\times 6=\dfrac{1}{3}x\times 6$

$6+3x=2x$

$3x-2x=-6$

$x=-6$

(2) $\dfrac{5x-1}{2}-x=7$

$5x-1-2x=14$

$3x=14+1$

$3x=15$

$x=5$

(3) $\dfrac{x-1}{2}-\dfrac{x-2}{3}=1$

$3(x-1)-2(x-2)=6$

$3x-3-2x+4=6$

$x+1=6$

$x=6-1$

$x=5$

(4) $\dfrac{3(x-1)}{4}-\dfrac{x-3}{2}=2$

$3(x-1)-2(x-3)=8$

$3x-3-2x+6=8$

$x+3=8$

$x=8-3$

$x=5$

6 10倍や100倍をして，整数にしてから計算する。

(1) $0.2x+0.7=0.4x+0.5$

$2x+7=4x+5$

$2x-4x=5-7$

$-2x=-2$

$x=1$

(2) $1.2x-0.9=0.8x+0.3$

$12x-9=8x+3$

$12x-8x=3+9$

$4x=12$

$x=3$

(3) $0.15x-0.2=0.09x+0.1$

$15x-20=9x+10$

$6x=30$

$x=5$

(4) $0.03x-0.12=0.02x+0.42$

$3x-12=2x+42$

$x=54$

7 「$a:b=c:d$のとき，$ad=bc$」を利用して解く。

(1) $x:8=3:2$

$x\times 2=8\times 3$

$2x=24$

$x=12$

(2) $27:x=9:5$

$x\times 9=27\times 5$

$9x=135$

$x=15$

(3) $\dfrac{1}{4}:\dfrac{1}{3}=x:8$

$\dfrac{1}{3}\times x=\dfrac{1}{4}\times 8$

$\dfrac{1}{3}x=2$

$x=6$

(4) $x:\dfrac{3}{2}=1:\dfrac{2}{3}$

$x\times\dfrac{2}{3}=\dfrac{3}{2}\times 1$

$\dfrac{2}{3}x=\dfrac{3}{2}$

$x=\dfrac{9}{4}$

(5) $(x+1):6=2:3$

$(x+1)\times 3=6\times 2$

$3(x+1)=12$

$x+1=4$

$x=3$

(6) $3:4=(x-2):2$

$4(x-2)=3\times 2$

$4x-8=6$

$4x=14$

$x=\dfrac{7}{2}$

Step B 解答 　　　本冊▶p.40〜p.41

1 (1) $x=1$ (2) $x=1$ (3) $x=-32$ (4) $x=6$

2 (1) $x=4$ (2) $x=-3$ (3) $x=-2$

(4) $x=-6$ (5) $x=5$ (6) $x=-\dfrac{5}{9}$

3 (1) $x=4$ (2) $x=15$ (3) $x=-5$

(4) $x=-2$ (5) $x=\dfrac{3}{4}$ (6) $x=7$

4 (1) $x=\dfrac{8}{3}$ (2) $x=\dfrac{22}{5}$ (3) $x=-5$

(4) $x=-3$ (5) $x=-4$ (6) $x=-\dfrac{94}{23}$

5 (1) $x=-6$ (2) $x=-15$ (3) $x=-13$ (4) $x=6$

6 (1) $x=\dfrac{15}{4}$ (2) $x=\dfrac{17}{2}$ (3) $x=\dfrac{1}{2}$

(4) $x=\dfrac{8}{5}$ (5) $x=7$ (6) $x=2$

3 (1) $3(x-2)+2(2x-5)=2x+4$

$3x-6+4x-10=2x+4$

$7x-16=2x+4$

$5x=20$

$x=4$

(2) $-2(x-4)+4(x+5)=5x-17$

$-2x+8+4x+20=5x-17$

$2x+28=5x-17$

$-3x=-45$

$x=15$

(3) $2(-x-3)-2(3x+1)=-4x+12$

$-2x-6-6x-2=-4x+12$

$-8x-8=-4x+12$

$-4x=20$

$x=-5$

(4) $-(x-6)-3(-4x-2)=3x-4$

$-x+6+12x+6=3x-4$

$11x+12=3x-4$

$8x=-16$

$x=-2$

(5) $5(x+3)-4(x-3)=3(3x+7)$

$5x+15-4x+12=9x+21$

$x+27=9x+21$

$-8x=-6$

$x=\dfrac{3}{4}$

(6) $9(x-7)+4(x+2)=2(x+11)$

$9x-63+4x+8=2x+22$

$13x-55=2x+22$

$11x=77$

$x=7$

4 (1) $\dfrac{x-5}{3}+\dfrac{x-8}{4}=\dfrac{x-28}{12}$

$4(x-5)+3(x-8)=x-28$

$4x-20+3x-24=x-28$

$7x-44=x-28$

$6x=16$

$x=\dfrac{8}{3}$

(2) $\dfrac{x-2}{2}+(x-4)=\dfrac{x+2}{4}$

$2(x-2)+4(x-4)=x+2$

$2x-4+4x-16=x+2$

$6x-20=x+2$

$5x=22$

$x=\dfrac{22}{5}$

(3) $\dfrac{x+10}{6}+\dfrac{x-5}{3}=-\dfrac{x+10}{2}$

$x+10+2(x-5)=-3(x+10)$

$x+10+2x-10=-3x-30$

$3x=-3x-30$

$6x=-30$

$x=-5$

(4) $\dfrac{x+1}{2}-\dfrac{x-2}{7}=-\dfrac{2}{7}$

$7(x+1)-2(x-2)=-4$

$7x+7-2x+4=-4$

$5x+11=-4$

$5x=-15$

$x=-3$

(5) $\dfrac{x+10}{4}+\dfrac{x-5}{3}=\dfrac{x-5}{6}$

$3(x+10)+4(x-5)=2(x-5)$

$3x+30+4x-20=2x-10$

$7x+10=2x-10$

$5x=-20$

$x=-4$

(6) $\dfrac{x+8}{3}-\dfrac{x+3}{5}=-\dfrac{x-2}{4}$

$20(x+8)-12(x+3)=-15(x-2)$

$20x+160-12x-36=-15x+30$

$8x+124=-15x+30$

$23x=-94$

$x=-\dfrac{94}{23}$

5 (1) $2.3x+4.6=1.7x+1$

$23x+46=17x+10$

$6x=-36$

$x=-6$

(2) $0.08x+0.16=0.06x-0.14$

$8x+16=6x-14$

$2x=-30$

$x=-15$

(3) $1.4(x-2)=0.2(8x-1)$

$14(x-2)=2(8x-1)$

$7(x-2)=8x-1$

$7x-14=8x-1$

$-x=13$

$x=-13$

(4) $0.6(x-5)+0.4(x-2)=0.2(x+5)$

$6(x-5)+4(x-2)=2(x+5)$

$3(x-5)+2(x-2)=x+5$

$3x-15+2x-4=x+5$

$5x-19=x+5$

$4x=24$

$x=6$

6 (1) $6:x=\dfrac{1}{5}:\dfrac{1}{8}$

$x\times\dfrac{1}{5}=6\times\dfrac{1}{8}$

$\dfrac{1}{5}x=\dfrac{3}{4}$

$x=\dfrac{15}{4}$

(2) $6:(x-1)=4:5$

$4(x-1)=6\times5$

$4x-4=30$

$4x=34$

$x=\dfrac{17}{2}$

(3) $2:0.6=5:3x$

$2\times3x=0.6\times5$

$6x=3$

$x=\dfrac{1}{2}$

(4) $0.4:1.5=x:6$

$1.5x=0.4\times6$

$1.5x=2.4$

$15x=24$

$x=\dfrac{8}{5}$

(5) $1:\dfrac{4}{3}=(x+2):12$

$\dfrac{4}{3}(x+2)=1\times12$

$\dfrac{4}{3}(x+2)=12$

$4(x+2)=36$

$x+2=9$

$x=7$

(6) $0.5:(2x-3)=1:2$

$2x-3=0.5\times2$

$2x-3=1$

$2x=4$

$x=2$

11 1次方程式の利用 ①

Step A　解答　本冊▶p.42〜p.43

1 (1) $a=1$　(2) $a=3$　(3) $a=3$

2 (1) 8　(2) 10

3 55 点

4 7200m

5 6km

6 120 円

7 9000 円

8 15 人

9 (1) $x+4$　(2) 37

解き方

1 (1) $4x+a=x-5$ の x に -2 を代入する。

$4\times(-2)+a=-2-5$　$-8+a=-7$　$a=1$

(2) $2(x-a)=0.8x+1.2$ の x に 6 を代入する。

$2(6-a)=0.8\times6+1.2$　$12-2a=4.8+1.2$

$-2a=-6$　$a=3$

(3) $\dfrac{x+a}{4}=\dfrac{2x-2a}{5}$ の x に 13 を代入する。

$\dfrac{13+a}{4}=\dfrac{2\times13-2a}{5}$　$\dfrac{13+a}{4}=\dfrac{26-2a}{5}$

$5(13+a)=4(26-2a)$

$65+5a=104-8a$　$13a=39$　$a=3$

2 ある数を x として方程式をつくる。

(1) $x\times3+7=31$　$3x+7=31$　$3x=24$　$x=8$

(2) $x\times2+12=x\times4-8$　$2x+12=4x-8$

$-2x=-20$　$x=10$

3 数学の得点を x 点として方程式をつくる。

4 教科の合計点＋数学の得点＝5 教科の合計点 となるので，$80\times4+x=75\times5$　$320+x=375$

$x=55$

よって，数学の得点は 55 点。

4 山道を xm として，かかる時間についての方程式をつくると，$\dfrac{x}{60}=\dfrac{x}{80}+30$　$4x=3x+7200$　$x=7200$

よって，山道の道のりは 7200m。

5 道路の 1 周を $x$km として，かかる時間についての方程式をつくる。

12 分 $=\dfrac{12}{60}$ 時間 $=\dfrac{1}{5}$ 時間 なので，

$\dfrac{x}{15}+\dfrac{1}{5}=\dfrac{x}{10}$　$2x+6=3x$　$x=6$

よって，道路の 1 周は 6km。

6 りんご 1 個の値段を x 円として，代金についての方程式をつくると，$5x+40=4(x+40)$

$5x+40=4x+160$　$x=120$

よって，りんご 1 個の値段は 120 円。

7 弟がもらったおこづかいを x 円として，それぞれの所持金についての方程式をつくると，

$5000+3x=2(4000+x)$　$5000+3x=8000+2x$

$x=3000$

よって，弟がもらったおこづかいは 3000 円。兄は 3 倍の金額をもらっているので，$3000\times3=9000$（円）

8 子どもの人数を x 人として，あめの個数についての方程式をつくると，$2x+5=3x-10$　$x=15$

よって，子どもの人数は 15 人。

9 (2) (1) より，もとの整数の十の位を x，一の位を $x+4$ とすると，もとの整数は，

$10\times x+x+4=10x+x+4=11x+4$

十の位と一の位を入れかえた整数は，十の位が $x+4$，一の位が x なので，

$10(x+4)+x=10x+40+x=11x+40$

この 2 つの数の関係から方程式をつくる。

$2(11x+4)-1=11x+40$　$22x+7=11x+40$　$x=3$

よって，もとの整数の十の位は 3 となる。一の位は $3+4=7$ となるので，もとの整数は 37。

19

1 19

2 10

3 (1) 59, 60, 61

　(2) 64, 66, 68

　(3) 75, 77, 79

4 (1) 10 分後　(2) 40 分後

5 95m

6 (1) $\dfrac{180}{11}$ 分後　(2) $\dfrac{540}{11}$ 分後

7 140 個

8 (1) 生徒の人数を x 人として，ノートの冊数についての方程式をつくった。

　(2) ノートの冊数を x 冊として，生徒の人数についての方程式をつくった。

9 48 個

解き方

1 ある数を x として方程式をつくると，$3(x+7)=33$

$x+7=11$　$x=4$

よって，ある数は 4。

正しい計算は，$4×3+7=12+7=19$

2 ある数を x として方程式をつくると，

$x÷1.2+50=x÷0.2$　$\dfrac{5}{6}x+50=5x$　$5x+300=30x$

$x=12$

よって，ある数は 12。

正しい答えは，$12÷1.2=10$

3 (1) 最も小さい整数を x とすると，真ん中の整数は $x+1$，最も大きい整数は $x+2$ となる。

連続する 3 つの整数の和は，

$x+x+1+x+2=180$　$x=59$

よって，連続する 3 つの整数は，59，60，61。

(2) 連続する偶数は 2 ずつ大きくなるので，最も小さい偶数を x とすると，真ん中の偶数は $x+2$，最も大きい偶数は $x+4$ となる。

連続する 3 つの偶数の和は，

$x+x+2+x+4=198$　$x=64$

よって，連続する 3 つの偶数は，64，66，68。

(3) 連続する奇数は 2 ずつ大きくなるので，偶数と同じように表される。

連続する 3 つの奇数の和は，

$x+x+2+x+4=231$　$x=75$

よって，連続する 3 つの奇数は，75，77，79。

4 (1) 出発してから 2 人が出会うまでの，2 人の進んだ道のりの和は池の周りの道のりと等しくなる。

出会うまでの時間を x 分として，道のりについての方程式をつくると，$80x+100x=1800$

$x=10$

よって，2 人が出会うのは出発してから 10 分後。

(2) B が A に追いつくまでに進んだ道のりと，A が追いつかれるまでに進んだ道のりは等しくなる。

B が出発してからの時間を x 分として，道のりについての方程式をつくる。A が進んだ時間は $x+10$（分）となるので，$80(x+10)=100x$　$x=40$

よって，B が A に追いつくのは，B が出発してから 40 分後。

5 列車の長さを x m として，列車の速さについての方程式をつくると，$\dfrac{175+x}{18}=\dfrac{920-x}{55}$

$55(175+x)=18(920-x)$　$9625+55x=16560-18x$

$x=95$

よって，列車の長さは 95m。

🛡 ここに注意　　列車が鉄橋を渡りはじめてから渡り終わるまでの道のりは，

鉄橋の長さ＋列車の長さ

列車がトンネルに完全にかくれている間の道のりは，

トンネルの長さ−列車の長さ

6 (1) 3 時ちょうどで長針と短針は $30°×3=90°$ 離れている。長針が短針を追いかけるので，重なる時間を x 分後として，長針と短針の進んだ角度についての方程式をつくると，

$6x=90+\dfrac{1}{2}x$　$12x=180+x$　$x=\dfrac{180}{11}$

よって，短針と長針が重なるのは，3 時ちょうどから $\dfrac{180}{11}$ 分後。

🛡 ここに注意　　時計の数字と数字の間は $30°$ である。また，長針の速さは毎分 $6°$，短針の速さは毎分 $\left(\dfrac{1}{2}\right)°$ である。

(2) 3 時ちょうどで $90°$ 離れていて，一直線になるには長針と短針が $180°$ 離れたときなので，長針が一度短針に追いつき，さらに $180°$ 多く進むことになる。

3 時ちょうどから，長針と短針が一直線になるの

をx分後として，長針と短針の進んだ角度についての方程式をつくると，$6x = 90 + \frac{1}{2}x + 180$

$12x = x + 540$　$x = \frac{540}{11}$

よって，長針と短針が一直線になるのは，3時ちょうどから$\frac{540}{11}$分後。

7 昨年のバザーでつくったおにぎりの個数をx個として，今年売れた個数についての方程式をつくると，
$(x - 20) \times (1 + 0.05) = x(1 - 0.1)$
$1.05(x - 20) = 0.9x$　$105(x - 20) = 90x$　$x = 140$
よって，昨年のバザーでつくったおにぎりは140個。

> **🛡 ここに注意**　$a\%$多くなる場合は，
> もとの数 $\times \left(1 + \dfrac{a}{100}\right)$
> $b\%$少なくなる場合は，もとの数 $\times \left(1 - \dfrac{b}{100}\right)$

9 カップケーキの個数をx個として，小麦粉の量についての方程式をつくる。シュークリームの個数は，$208 - x$(個)とする。

カップケーキを1個つくるのに必要な小麦粉は，
$50 \div 4 = \frac{25}{2}$(g)

シュークリームを1個つくるのに必要な小麦粉は，
$70 \div 8 = \frac{35}{4}$(g)

よって，$\frac{25}{2}x + \frac{35}{4}(208 - x) = 2000$

$50x + 35(208 - x) = 8000$　$x = 48$

したがって，カップケーキの個数は48個。

12 1次方程式の利用 ②

Step A 　解答　　本冊▶p.46〜p.47

1 (1) 810人　(2) 16人　(3) 120ページ

2 (1) 2400円　(2) 2000円　(3) 4%

3 (1) 250g　(2) 300g

4 100枚

5 姉…2400円，妹…1500円

6 男子…437人，女子…333人

7 4cm

解き方

1 (1) 全生徒数をx人として，女子の人数についての方程式をつくると，$\frac{1}{2}x - 15 = x - 420$

$x - 30 = 2x - 840$　$x = 810$
よって，全生徒数は810人。

(2) 女子の人数をx人として，バス通学をしている人数についての方程式をつくる。男子の人数は$36 - x$(人)になるので，$0.1(36 - x) + 0.25x = 6$
$10(36 - x) + 25x = 600$　$x = 16$
よって，女子の人数は16人。

(3) 本の全部のページ数をxページとして，本のページ数についての方程式をつくると，
$\frac{1}{4}x + \left(1 - \frac{1}{4}\right) \times x \times \frac{3}{5} + 36 = x$　$\frac{1}{4}x + \frac{9}{20}x + 36 = x$

$5x + 9x + 720 = 20x$　$x = 120$
よって，本は全部で120ページ。

2 (1) 仕入れ値をx円として，値段についての方程式をつくると，$x \times (1 + 0.3) = x + 720$　$x = 2400$
よって，仕入れ値は2400円。

(2) 仕入れ値をx円として，利益についての方程式をつくると，$0.2x - 200 = 0.1x$　$x = 2000$
よって，仕入れ値は2000円。

(3) 割引きした割合を$x\%$として，方程式をつくると，
$800 \times (1 + 0.25) \times \left(1 - \frac{x}{100}\right) = 800 \times (1 + 0.2)$

$1000 \times \left(1 - \frac{x}{100}\right) = 960$　$x = 4$
よって，定価から割引きしたのは4%。

3 (1) 3%の食塩水の重さをxgとして，食塩の重さについての方程式をつくると，
$0.03x + 100 \times 0.1 = 0.05(x + 100)$
$3x + 1000 = 5x + 500$　$x = 250$
よって，3%の食塩水は250g。

> **🛡 ここに注意**　食塩水を混ぜる問題は，
> 食塩の重さの和で方程式をつくる。

(2) 8%の食塩水の重さをxgとして，食塩の重さについての方程式をつくると，
$0.08x = 0.12(x - 100)$　$8x = 12x - 1200$　$x = 300$
よって，8%の食塩水の重さは300g。

> **🛡 ここに注意**　食塩水から水が蒸発しても，食塩の重さは変わらない。

4 兄のカードの枚数をx枚として，比例式をつくる。弟の枚数は$180 - x$(枚)なので，$x : (180 - x) = 5 : 4$
$4x = 5(180 - x)$　$x = 100$
よって，兄のカードの枚数は100枚。

5 姉と妹の所持金の比は8：5なので，それぞれの所

持金を $8x$ 円と $5x$ 円として，比例式をつくると，
$(8x-800):(5x+500)=4:5$
$5(8x-800)=4(5x+500)$ $x=300$
よって，姉は $8×300=2400$（円），
妹は $5×300=1500$（円）

6 去年の男子の人数を x 人として，人数の増減についての方程式をつくる。
男子は 15% 増え，女子は 10% 減ったから，
$0.15x-0.1(750-x)=20$
$15x-10(750-x)=2000$ $x=380$
今年の男子の人数は，$380×(1+0.15)=437$（人）
今年の女子の人数は，$770-437=333$（人）
別解 人数についての方程式をつくる。去年の女子の人数は $750-x$（人）となるので，
$x×(1+0.15)+(750-x)×(1-0.1)=750+20$
$1.15x+675-0.9x=770$ $x=380$

7 高さを x cm として，表面積についての方程式をつくると，$2(5×8+5x+8x)=184$ $x=4$
よって，高さは 4cm。

Step B 解答　本冊 ▶ p.48〜p.49

1 (1) 3 割　(2) 1300 円　(3) 2800 円

2 (1) 11%　(2) 60g
(3) 11%の食塩水…210g, 3%の食塩水…630g

3 4cm

4 (1) 8 秒後　(2) 6 秒後

5 2.1m³

6 (1) 62cm　(2) 13 個

7 62, 63, 70, 71
（求め方）囲んだ 4 つの数の左上の数を x とすると，右上は x より 1 大きいので $x+1$，左下は x より 8 大きいので $x+8$，右下は x より 9 大きいので $x+9$ となる。この 4 つの数の和が 266 になるので，
$x+x+1+x+8+x+9=266$ $x=62$
よって，左上の数は 62，右上は $62+1=63$，左下は $62+8=70$，右下は $62+9=71$ となる。

解き方

1 (1) 利益を x 割として，売価についての方程式をつくると，$1200\left(1+\dfrac{x}{10}\right)-300=1260$ $x=3$
よって，利益は 3 割。
(2) 原価を x 円として，売価についての方程式をつ

くると，$(x+500)×(1-0.2)=1440$ $x=1300$
よって，原価は 1300 円。

(3) はじめに持っていたおこづかいを x 円として，おこづかいについての方程式をつくると，
$\dfrac{1}{2}x+\dfrac{1}{2}x×0.3+980=x$
$\dfrac{1}{2}x+\dfrac{3}{20}x+980=x$ $x=2800$
よって，はじめに持っていたおこづかいは 2800 円。

2 (1) 混ぜた食塩水の濃度を x% として，食塩の重さについて方程式をつくると，
$0.16×300+\dfrac{x}{100}×200=0.14×(300+500)$
$48+2x=70$ $x=11$
よって，混ぜた食塩水の濃度は 11%。

(2) 捨てた食塩水の重さを x g として，食塩の重さについての方程式をつくる。9%の食塩水 200g のうち x g を捨てた残りの食塩水は $200-x$（g），その後 x g の水を入れるので，6.3%の食塩水は 200g ある。また，残りの食塩水はもとの食塩水と濃度は変わらないので，
$0.09(200-x)=0.063×200$ $x=60$
よって，入れ替えた食塩水は 60g。

(3) 11%の食塩水の重さを x g として，食塩の重さについての方程式をつくる。3%の食塩水は $840-x$（g）なので，$0.11x+0.03(840-x)=0.05×840$
$x=210$
よって，11%の食塩水の重さは 210g，3%の食塩水の重さは $840-210=630$（g）

3 正方形の 1 辺の長さを x cm として，右の図のように考える。
ア，イ，ウの面積の和が 47cm² になるので，
$x×5+3×x+3×5=47$
$x=4$
よって，正方形の 1 辺の長さは 4cm。

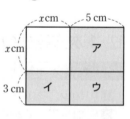

4 (1) 点が動いた時間を x 秒として，長さについての方程式をつくる。BC－BP＝PC と考えると，
$12-1×x=4$ $x=8$
よって，8 秒後。
(2) 点が動いた時間を x 秒として，面積についての方程式をつくる。三角形 ABP の面積は，
$\dfrac{1}{2}×AB×BP$ で求められるので，

$\dfrac{1}{2} \times 9 \times (1 \times x) = 27$ $x = 6$

よって，6秒後。

5 1回に運ぶ量を $x\,\mathrm{m}^3$ として，砂の量についての方程式をつくると，$9 + 4x = 1.2(4 + 5x)$ $x = 2.1$

よって，1回に運ぶ量は $2.1\,\mathrm{m}^3$。

6 (1) はじめの輪は 12cm で，2個目以降は 10cm ずつ長くなっていくので，6個つなげたとき，

$12 + 10 \times (6 - 1) = 12 + 10 \times 5 = 12 + 50 = 62\,(\mathrm{cm})$

(2) つなげた輪の個数を x 個として，方程式をつくると，$12 + 10(x - 1) = 132$ $x = 13$

よって，13個。

Step C-① 解答

本冊▶p.50〜p.51

1 (1) $x = -2$ (2) $x = 7$ (3) $x = 13$ (4) $x = 3$

2 (1) $x = -4$ (2) $x = \dfrac{21}{5}$ (3) $x = -12$

(4) $x = -\dfrac{34}{5}$ (5) $x = \dfrac{26}{3}$ (6) $x = -20$

3 (1) $a = 3$ (2) $a = 2$

4 34冊

5 14個

6 20%

7 0.66km

8 9%

9 640

解き方

1 (1) $(2x - 4) + 1 = 7(x + 1)$ $2x - 4 + 1 = 7x + 7$

$x = -2$

(2) $7x - 2(x - 13) = 61$ $7x - 2x + 26 = 61$ $x = 7$

(3) $3(x - 7) = 2(x - 4)$ $3x - 21 = 2x - 8$ $x = 13$

(4) $5(x + 3) = 2(x + 12)$ $5x + 15 = 2x + 24$

$x = 3$

2 (1) $\dfrac{x - 4}{4} = \dfrac{x - 10}{7}$ $7(x - 4) = 4(x - 10)$ $x = -4$

(2) $x - 5 = \dfrac{x - 9}{6}$ $6(x - 5) = x - 9$ $x = \dfrac{21}{5}$

(3) $\dfrac{x + 8}{2} = \dfrac{x + 6}{3}$ $3(x + 8) = 2(x + 6)$ $x = -12$

(4) $\dfrac{x + 5}{3} = \dfrac{x + 4}{4} + \dfrac{x + 7}{2}$ $4(x + 5) = 3(x + 4) + 6(x + 7)$

$x = -\dfrac{34}{5}$

(5) $x - 10 + \dfrac{3x - 4}{6} = \dfrac{x - 4}{2}$ $6(x - 10) + 3x - 4 = 3(x - 4)$

$x = \dfrac{26}{3}$

---

(6) $0.06x - 0.9 = 0.11x + 0.1$ $6x - 90 = 11x + 10$

$x = -20$

3 (1) $\dfrac{x + a}{3} - 7 = 2x - 4$ $x + a - 21 = 6x - 12$

この式に $x = -\dfrac{6}{5}$ を代入すると，

$-\dfrac{6}{5} + a - 21 = 6 \times \left(-\dfrac{6}{5} \right) - 12$ $a = 3$

> ⚠ **ここに注意** もとの式が分数で計算が複雑な場合は，もとの式を簡単にしてから代入すると，計算が簡単になる。

(2) $2x - 3 = 5x + 6$ を解くと，$x = -3$

$3x + a = ax - 1$ に，$x = -3$ を代入する。

$3 \times (-3) + a = a \times (-3) - 1$ $-9 + a = -3a - 1$

$a = 2$

4 ノートの冊数を x 冊として，生徒の人数についての方程式をつくると，$\dfrac{x - 10}{3} = \dfrac{x + 14}{6}$ $x = 34$

よって，ノートは34冊。

別解 生徒の人数を x 人として，ノートの冊数についての方程式をつくり，生徒の人数を出してからノートの冊数を出してもよい。

$3x + 10 = 6x - 14$ $x = 8$

よって，生徒の人数は8人なので，ノートの冊数は，

$3 \times 8 + 10 = 34\,(\text{冊})$

5 ゼリーの個数を x 個として，代金についての方程式をつくる。プリンの個数は $24 - x\,(\text{個})$ なので，

$100 + 80x + 120(24 - x) = 2420$ $x = 14$

よって，ゼリーの個数は14個。

6 原価につけた利益を $x\%$ として，利益の総額についての方程式をつくる。原価に対する定価の利益を，x を使って表すと，$600 \times \dfrac{x}{100} = 6x\,(\text{円})$ なので，

$6x \times 50 \times 0.5 = 6x \times (50 - 30) + (6x - 150) \times 20$

$150x = 180x + 120x - 3000$ $x = 20$

よって，原価につけた利益は20%。

7 兄が出発してから，弟に追いつくまでの道のりを $x\,\mathrm{m}$ として，追いつくまでにかかった時間についての方程式をつくる。弟が出発してから10分後に兄が出発しているので，弟がかかった時間は兄より10分多くなる。よって，$\dfrac{x}{60} = \dfrac{x}{210} + 10$

$7x = 2x + 4200$ $x = 840$

したがって，兄が弟に追いついたのは，家から $840\,\mathrm{m} = 0.84\,\mathrm{km}$ の地点になるので，駅からは

$1.5 - 0.84 = 0.66\,(\mathrm{km})$ 離れている。

8 濃度が不明の食塩水の濃度をx％，混ぜた水と食塩水のそれぞれの重さを$a\,$gとして，食塩の重さについての方程式をつくると，

$$0.12a + \frac{x}{100} \times a = 0.07 \times (a + a + a)$$

$$0.12a + \frac{ax}{100} = 0.21a$$

$$12a + ax = 21a \quad 12 + x = 21 \quad x = 9$$

よって，食塩水の濃度は9％になる。

> 🛡 **ここに注意** 同じ文字をすべての項がふくむ場合は，その文字を除くことができる。
> $$ma + na = \ell a \rightarrow m + n = \ell$$

9 3けたの整数の，百の位をa，十の位をb，一の位をcとする。

『3けたの整数は10の倍数』より，$c = 0$

『この整数の各位の数をすべてもとの位とは異なるように並べ替えてできる3けたの整数は，もとの整数より234小さいです。』より，$c = 0$なので並び替えたときには十の位になる。よって，並び替えた整数は，百の位はb，十の位はc，一の位はaとなる。一の位に注目すると，10の倍数から4小さくなるので，$a = 6$だとわかる。

『各位の和は10です。』より，$6 + b + 0 = 10$

$b = 4$となるので，A君が思い浮かべた整数は640となる。

Step C-② 解答　本冊▶p.52〜p.53

1 (1)$x = -7$ (2)$x = \dfrac{44}{5}$ (3)$x = -2$ (4)$x = -1$

2 (1)$x = -11$ (2)$x = -\dfrac{11}{4}$

(3)$x = -28$ (4)$x = 160$

3 (1)$x = 5$ (2)$x = \dfrac{3}{7}$

4 (1)$x = \dfrac{4}{5}$ (2)$a = -\dfrac{5}{8}$

5 120m

(求め方)列車の長さを$x\,$mとして，列車の速さについての方程式をつくる。1分20秒＝80秒なので，

$$\frac{420 + x}{36} = \frac{1320 - x}{80}$$

これを解くと，$x = 120$

よって，列車の長さは120m

---

6 $x = 160$

7 4180人

8 学校から休憩所…64km，
　休憩所から目的地…34km

9 39個

10 200個

解き方

1 (1)$3x - 9 = 6(x + 2)$ 　$3x - 9 = 6x + 12$
　$x = -7$

(2)$42 = 3x + 2(x - 1)$ 　$42 = 3x + 2x - 2$ 　$x = \dfrac{44}{5}$

(3)$4(x - 1) = -3(2x + 8)$ 　$4x - 4 = -6x - 24$
　$x = -2$

(4)$-x + 1 + 2(3x - 4) = -2(x + 7)$
　$-x + 1 + 6x - 8 = -2x - 14$ 　$x = -1$

2 (1)$\dfrac{x + 2}{3} = \dfrac{x - 4}{5}$ 　$5(x + 2) = 3(x - 4)$ 　$x = -11$

(2)$\dfrac{2x + 1}{4} = \dfrac{x - 4}{6}$ 　$3(2x + 1) = 2(x - 4)$ 　$x = -\dfrac{11}{4}$

(3)$0.3x + 6 = 0.1x + 0.4$ 　$3x + 60 = x + 4$ 　$x = -28$

(4)$0.19x + 48 = \dfrac{12x + 40}{25}$ 　$19x + 4800 = 4(12x + 40)$
　$x = 160$

3 (1)$45 \times \dfrac{x - 2}{9} = \dfrac{x}{3} \times 9$ 　$5(x - 2) = 3x$ 　$x = 5$

(2)$1.2(2x + 1) = 0.4(6 - x)$ 　$3(2x + 1) = 6 - x$
　$x = \dfrac{3}{7}$

4 (1)$a = -2$を代入すると，
　$-2(2x - 1) + 3 \times (-2) \times x + 4 = -2 \times (-2) - 6$
　$-4x + 2 - 6x + 4 = -2$ 　$x = \dfrac{4}{5}$

(2)$x = 3$を代入すると，
　$a(2 \times 3 - 1) + 3 \times a \times 3 + 4 = -2a - 6$
　$5a + 9a + 4 = -2a - 6$ 　$a = -\dfrac{5}{8}$

6 食塩の重さについての方程式をつくる。
　できた食塩水の重さは$x + 400 - 60$ (g)なので，
　$0.05x + 0.03 \times 400 = 0.04(x + 400 - 60)$
　$0.05x + 12 = 0.04x + 13.6$ 　$x = 160$

7 3月の博物館の入館者の人数をx人として，入館者の人数の増減についての方程式をつくる。
　3月の美術館の入館者は，$7200 - x$ (人)なので，
　$0.1x - 0.02(7200 - x) = 312$
　$10x - 2(7200 - x) = 31200$ 　$x = 3800$
　よって，3月の博物館の入館者は3800人。
　4月の博物館の入館者は，$3800 \times 1.1 = 4180$ (人)

8 学校から休憩所までの道のりを x km として，時間についての方程式をつくる。

休憩した時間は，20 分 $=\dfrac{1}{3}$ 時間

出発から到着(とうちゃく)までの時間は，2 時間 15 分 $=\dfrac{9}{4}$ 時間

よって，$\dfrac{x}{60}+\dfrac{1}{3}+\dfrac{98-x}{40}=\dfrac{9}{4}$　$2x+40+3(98-x)=270$

$x=64$

したがって，学校から休憩所までは 64km。休憩所から目的地までは $98-64=34$（km）

9 A の個数を $3x$ 個，B の個数を $2x$ 個として重さについての方程式をつくる。C の個数は $100-5x$（個）なので，$20\times3x+30\times2x+40\times(100-5x)=2960$

$60x+60x+4000-200x=2960$　$x=13$

よって，A の個数は $3\times13=39$（個）

10 値上げ前最終日の売り上げ個数を x 個，値上げ前の商品 A の代金を a 円として，売り上げた代金についての方程式をつくると，

$a\times x\times(1+0.65)=a\times(1+0.1)\times(x+130)\times\dfrac{10}{11}$

$1.65ax=ax+130a$　$1.65x=x+130$　$x=200$

よって，値上げ前最終日の売り上げ個数は 200 個。

第 4 章　比例と反比例 ───────────

13 比例と反比例

Step A　解答

本冊▶p.54〜p.55

1 (1) $y=5x$，比例定数…5
　　(2) $y=19x$，比例定数…19

2 (1) $\dfrac{7}{3}$　(2) $y=-3x$　(3) $y=-8$

3 (1) $y=4x$　(2) $0\leqq y\leqq100$　(3) $0\leqq x\leqq25$

4 (1) $y=\dfrac{24}{x}$，比例定数…24

　　(2) $y=\dfrac{1800}{x}$，比例定数…1800

　　(3) $y=\dfrac{15}{x}$，比例定数…15

5 (1) -16　(2) $y=-\dfrac{18}{x}$　(3) $y=6$

6 $a=6$，$b=\dfrac{24}{5}$

解き方

1 (1) 長方形の面積＝縦×横 より，$y=5\times x$　$y=5x$
　　(2) 道のり＝速さ×時間 より，$y=19\times x$　$y=19x$

2 (1) $7\div3=\dfrac{7}{3}$

🛡 ここに注意　比例の式の比例定数は，y の値÷x の値 で求められる。

別解 $y=ax$ に，$x=3$，$y=7$ を代入すると，

$7=a\times3$ より，$a=\dfrac{7}{3}$

(2) $-12\div4=-3$ が比例定数になるので，$y=-3x$

(3) $6\div(-3)=-2$ が比例定数になるので，

$y=-2x$ が式になる。$x=4$ を代入すると，

$y=-2\times4=-8$

3 (3) (2) より，x が最大値になるのは，$y=100$ のときなので，$100=4x$

これを解くと，$x=25$ より，x の変域は，$0\leqq x\leqq25$

4 (1) 横＝長方形の面積÷縦 より，$y=24\div x$　$y=\dfrac{24}{x}$

(2) 時間＝道のり÷速さ より，$y=1800\div x$　$y=\dfrac{1800}{x}$

(3) $y=15\div x$　$y=\dfrac{15}{x}$

5 (1) $2\times(-8)=-16$

🛡 ここに注意　反比例の式の比例定数は，x の値×y の値 で求められる。

別解 $y=\dfrac{a}{x}$ に，$x=2$，$y=-8$ を代入すると，

$-8=\dfrac{a}{2}$ より，$a=-16$

(2) $-3\times6=-18$ が比例定数になるので，$y=-\dfrac{18}{x}$

(3) $3\times12=36$ が比例定数になるので，$y=\dfrac{36}{x}$

$x=6$ を代入すると，$y=\dfrac{36}{6}$　$y=6$

6 y は x に反比例し，表より $x=3$ のとき $y=8$ である。比例定数は $3\times8=24$ より，$y=\dfrac{24}{x}$

この式に $x=4$，$y=a$ を代入して，$a=6$

$x=5$，$y=b$ を代入して，$b=\dfrac{24}{5}$

Step B　解答

本冊▶p.56〜p.57

1 (1) $x=-6$　(2) $x=-\dfrac{10}{9}$

2 (1) $b=\dfrac{a-100}{2}$，×　(2) $y=\dfrac{50}{3}x$，○

　　(3) $y=\dfrac{72}{x}$，△　(4) $y=\dfrac{1200}{x}$，△

　　(5) $y=2000x+6000$，×

3 (1) $a=\dfrac{7}{2}$　(2) $b=\dfrac{32}{9}$

4 (1) $y=5$　(2) $y=-\dfrac{26}{7}$　(3) $\dfrac{5}{4}$ 倍になる

　(4) $\dfrac{2}{3}$ 倍になる

5 (1) $y=\dfrac{1}{4}x$, 比例定数 $\dfrac{1}{4}$

　(2) $0\leqq x\leqq 40$　$0\leqq y\leqq 10$

　(3) 32 分後

解き方

1 (1) 比例定数は $-5\div 3=-\dfrac{5}{3}$ より, $y=-\dfrac{5}{3}x$ となる。$y=10$ を代入すると, $10=-\dfrac{5}{3}x$　$x=-6$

　(2) 比例定数は $5\times(-4)=-20$ より, $y=-\dfrac{20}{x}$

　　$y=18$ を代入すると, $18=-\dfrac{20}{x}$　$18x=-20$

　　$x=-\dfrac{10}{9}$

2 (1) 兄と弟の分けた金額の和が a 円で, 差が 100 円なので, 弟の金額 b は, $b=\dfrac{a-100}{2}$ となり, 比例の式にも反比例の式にもあてはまらない。

> ⚠ **ここに注意**　A と B の和と差がわかっていて,
>
> $A>B$ のとき, $A=\dfrac{和+差}{2}$, $B=\dfrac{和-差}{2}$
>
> でそれぞれ求めることができる。

　(2) 速さの単位が m なので, $x\,\mathrm{km}=1000x\,\mathrm{m}$ になおす。$y=1000x\div 60$　$y=\dfrac{50}{3}x$ となり, 比例の式にあてはまる。

　(3) 三角形の高さは, 三角形の面積×2÷底辺　で求められるので, $y=36\times 2\div x$　$y=\dfrac{72}{x}$ となり, 反比例の式にあてはまる。

　(4) y の単位が cm なので, $12\mathrm{m}=1200\mathrm{cm}$ になおす。$y=1200\div x$　$y=\dfrac{1200}{x}$ となり, 反比例の式にあてはまる。

　(5) $y=6000+2000x$ となり, 比例の式にも反比例の式にもあてはまらない。

3 (1) y は x に比例し, 表より $x=8$ のとき $y=4$ である。比例定数は $4\div 8=\dfrac{1}{2}$ より, $y=\dfrac{1}{2}x$

　　この式に $x=7$, $y=a$ を代入して, $a=\dfrac{7}{2}$

　(2) y は x に反比例し, 表より比例定数は $8\times 4=32$ なので, $y=\dfrac{32}{x}$

この式に $x=9$, $y=b$ を代入して, $b=\dfrac{32}{9}$

4 (1) 比例定数を a とすると, $y+1=a(x-4)$ という式になる。$x=2$, $y=-7$ を代入すると,

　　$-7+1=a(2-4)$

　　$a=3$ となるので, $y+1=3(x-4)$

　　この式に $x=6$ を代入すると, $y+1=3(6-4)$

　　$y=5$

　(2) 比例定数を a とすると, $y-2=\dfrac{a}{2x+1}$ という式になる。$x=-\dfrac{5}{2}$, $y=12$ を代入すると, $12-2=\dfrac{a}{-5+1}$

　　$a=-40$ となるので, $y-2=-\dfrac{40}{2x+1}$

　　この式に $x=3$ を代入すると, $y-2=-\dfrac{40}{7}$

　　$y=-\dfrac{26}{7}$

　(3) 比例のとき, x の値が 2 倍, 3 倍, …になると, y の値も 2 倍, 3 倍, …になる。x の値が 25% 増加するとき, x の値は $1+0.25=1.25=\dfrac{5}{4}$ (倍) となるので, y の値も $\dfrac{5}{4}$ 倍になる。

　(4) 反比例のとき, x の値が 2 倍, 3 倍, …になると, y の値は $\dfrac{1}{2}$ 倍, $\dfrac{1}{3}$ 倍, …と逆数倍になる。x の値が 50% 増加するとき, x の値は $1+0.5=1.5=\dfrac{3}{2}$ (倍) となるので, y の値は $\dfrac{2}{3}$ 倍になる。

5 (1) 底面積は $10\times 10=100\,(\mathrm{cm}^2)$ なので, 1 分間に $25\div 100=\dfrac{1}{4}\,(\mathrm{cm})$ ずつ深くなる。よって式は, $y=\dfrac{1}{4}x$

　(2) y の変域は, $0\leqq y\leqq 10$ になる。x の最小値は 0 で, x の最大値は $y=10$ のときなので, $10=\dfrac{1}{4}x$

　　$x=40$

　　したがって, x の変域は, $0\leqq x\leqq 40$

　(3) $y=8$ を代入すると, $8=\dfrac{1}{4}x$　$x=32$

　　よって, 水を入れ始めてから 32 分後。

14 座標とグラフ

1

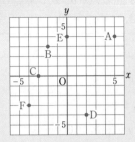

2

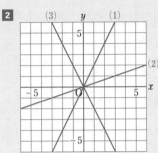

3 (1) $y=\dfrac{2}{3}x$　(2) $y=\dfrac{4}{3}x$　(3) $y=3x$

(4) $y=-\dfrac{3}{2}x$　(5) $y=-x$

4 (1)

x	⋯	-6	-4	-3	-2	0	2	3	4	6	⋯
y	⋯	-2	-3	-4	-6	✕	6	4	3	2	⋯

(2)

x	⋯	-6	-3	-2	-1	0	1	2	3	6	⋯
y	⋯	1	2	3	6	✕	-6	-3	-2	-1	⋯

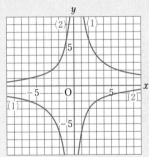

5 (1) $y=\dfrac{6}{x}$　(2) $y=-\dfrac{8}{x}$

6 $y=\dfrac{6}{x}$

グラフは右の図

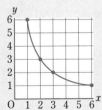

解き方

2 (1) 原点ともう1点通る点を決めて，その2点をつなぐ直線をひく。$y=2x$ は，$x=1$ のとき $y=2$ になるので，原点と $(1,\ 2)$ を通る直線をひく。

(2) 比例定数が分数の場合は，x を分母と同じ数にして，整数の座標にする。$y=\dfrac{1}{3}x$ は，$x=3$ のとき $y=1$ になるので，原点と $(3,\ 1)$ を通る直線をひく。

(3) $y=-2x$ は $x=1$ のとき $y=-2$ になるので，原点と $(1,\ -2)$ を通る直線をひく。

3 (1) 整数の座標を1つ読み取る。グラフは $(3,\ 2)$ を通るので，比例定数は $2\div 3=\dfrac{2}{3}$

よって，$y=\dfrac{2}{3}x$

別解 他の点の座標を利用してもよい。

グラフは $(6,\ 4)$ を通るので，比例定数は $4\div 6=\dfrac{2}{3}$

よって，$y=\dfrac{2}{3}x$

(2) グラフは $(3,\ 4)$ を通るので，比例定数は $4\div 3=\dfrac{4}{3}$

よって，$y=\dfrac{4}{3}x$

(3) グラフは $(1,\ 3)$ を通るので，比例定数は

$3\div 1=3$　よって，$y=3x$

(4) グラフは $(-2,\ 3)$ を通るので，比例定数は

$3\div(-2)=-\dfrac{3}{2}$　よって，$y=-\dfrac{3}{2}x$

(5) グラフは $(-1,\ 1)$ を通るので，比例定数は

$1\div(-1)=-1$　よって，$y=-x$

4 反比例のグラフは双曲線になるので，対応表の座標を通るように，なめらかな2本の曲線をかく。

5 グラフが通る座標から比例定数を求める。

(1) $(3,\ 2)$ を通るので比例定数は，$3\times 2=6$

よって，$y=\dfrac{6}{x}$

(2) $(2,\ -4)$ を通るので比例定数は，$2\times(-4)=-8$

よって，$y=-\dfrac{8}{x}$

6 $y=6\div x$ より，$y=\dfrac{6}{x}$ の式になる。長さは必ず正の数なので，x，y ともに0より大きい座標のみ通る。

x	1	2	3	6
y	6	3	2	1

上の対応表の座標を通るようにグラフをかく。

1 (1) (5, 1)

　(2) x軸について対称な点…(-2, 4)

　　　y軸について対称な点…(2, -4)

　(3) (-6, 3)

2

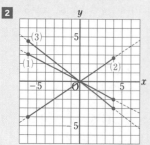

　(1) $-2 \leqq y \leqq 3$　(2) $-4 \leqq y \leqq \dfrac{8}{3}$

　(3) $-3 \leqq y \leqq \dfrac{9}{2}$

3

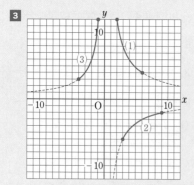

　(1) $4 \leqq y \leqq 12$　(2) $-6 \leqq y \leqq -2$　(3) $3 \leqq y \leqq 12$

4 (1) $y = \dfrac{1}{2} x$,　$m = -4$

　(2) $y = -\dfrac{7}{3} x$,　$n = 7$

5 (1) $a = -\dfrac{7}{2}$　(2) $b = -5$

　(3) (-6, 3), ②のグラフ上にある

6 エ

解き方

1 (1) xの座標は $3+2=5$, y の座標は $5-4=1$ になるので, (5, 1)

　(2) x軸について対称な点は, y 座標の符号が逆になるので, (-2, 4)

　　　y軸について対称な点は, x 座標の符号が逆になるので, (2, -4)

　(3) 原点 O について対称な点は, x 座標も y 座標も符号が逆になるので, (-6, 3)

2 (1) $x = -6$ のとき, $y = -\dfrac{1}{2} \times (-6) = 3$

　　　$x = 4$ のとき, $y = -\dfrac{1}{2} \times 4 = -2$

　　　よって, $-2 \leqq y \leqq 3$

　(2) $x = -6$ のとき, $y = \dfrac{2}{3} \times (-6) = -4$

　　　$x = 4$ のとき, $y = \dfrac{2}{3} \times 4 = \dfrac{8}{3}$

　　　よって, $-4 \leqq y \leqq \dfrac{8}{3}$

　(3) $x = -6$ のとき, $y = -\dfrac{3}{4} \times (-6) = \dfrac{9}{2}$

　　　$x = 4$ のとき, $y = -\dfrac{3}{4} \times 4 = -3$

　　　よって, $-3 \leqq y \leqq \dfrac{9}{2}$

3 (1) $x = 2$ のとき, $y = \dfrac{24}{2} = 12$

　　　$x = 6$ のとき, $y = \dfrac{24}{6} = 4$

　　　よって, $4 \leqq y \leqq 12$

　(2) $x = 3$ のとき, $y = -\dfrac{18}{3} = -6$

　　　$x = 9$ のとき, $y = -\dfrac{18}{9} = -2$

　　　よって, $-6 \leqq y \leqq -2$

　(3) $x = -4$ のとき, $y = -\dfrac{12}{-4} = 3$

　　　$x = -1$ のとき, $y = -\dfrac{12}{-1} = 12$

　　　よって, $3 \leqq y \leqq 12$

4 (1) ①のグラフは (6, 3) を通るので, 比例定数は

　　　$3 \div 6 = \dfrac{1}{2}$　よって, $y = \dfrac{1}{2} x$

　　　$y = -2$ を代入すると, $-2 = \dfrac{1}{2} x$　$x = -4$

　　　したがって, $m = -4$

　(2) ②のグラフは (-6, 14) を通るので, 比例定数は

　　　$14 \div (-6) = -\dfrac{7}{3}$　よって, $y = -\dfrac{7}{3} x$

　　　$x = -3$ を代入すると, $y = -\dfrac{7}{3} \times (-3)$　$y = 7$

　　　したがって, $n = 7$

5 (1) ①のグラフは (2, 7) を通るので, 比例定数は

　　　$2 \times 7 = 14$　よって, $y = \dfrac{14}{x}$

　　　$x = -4$ を代入すると, $y = \dfrac{14}{-4}$　$y = -\dfrac{7}{2}$

したがって，$a = -\dfrac{7}{2}$

(2) ②のグラフは $(6, -3)$ を通るので，比例定数は

$6 \times (-3) = -18$ よって，$y = -\dfrac{18}{x}$

$y = 3.6$ を代入すると，$3.6 = -\dfrac{18}{x}$ $3.6x = -18$

$x = -5$ したがって，$b = -5$

(3) 原点について対称な点は $(-6, 3)$ で，②の式

$y = -\dfrac{18}{x}$ に $x = -6$ を代入すると，$y = \dfrac{-18}{-6} = 3$

よって，点 $(-6, 3)$ は②のグラフ上にある。

> **⚠ ここに注意** 反比例のグラフは，原点
> について対称である。

6 a が 1 より大きいとき，$A(1, 1)$ より上を通るので，**エ**のグラフが条件に合う。

15 比例と反比例の利用

Step A 解答

本冊▶p.62〜p.63

1 (1) $y = 15x$　(2) 6L

2 (1) $y = \dfrac{60}{x}$　(2) 5 回転　(3) 15

3 (1) 100m　(2) 1.4kg

4 (1) 7cm²　(2) $\dfrac{33}{2}$cm²　(3) 18cm²　(4) 12cm²

5 (1) 8 分後　(2) 250m

6 直線 A B … $y = -2x$
　双曲線 … $y = -\dfrac{8}{x}$

解き方

1 (1) y は x に比例する。比例定数は $375 \div 25 = 15$ なので，$y = 15x$

(2) $y = 15x$ に $y = 90$ を代入すると，$90 = 15x$ $x = 6$
よって，6L のガソリンが必要である。

2 (1) 歯車 A と歯車 B がかみあうとき，歯数と回転数は反比例する。比例定数は $20 \times 3 = 60$ なので，
$y = \dfrac{60}{x}$

(2) $y = \dfrac{60}{x}$ に $x = 12$ を代入すると，$y = \dfrac{60}{12} = 5$
よって，5 回転する。

(3) $y = \dfrac{60}{x}$ に $y = 4$ を代入すると，$4 = \dfrac{60}{x}$ $x = 15$
よって，歯数は 15

3 (1) グラフは $(5, 100)$ を通るので，比例定数は

$100 \div 5 = 20$ となり，グラフの式は $y = 20x$
針金が $2\text{kg} = 2000\text{g}$ になるのは，$y = 2000$ のとき
なので，$2000 = 20x$ $x = 100$ よって，100m。

(2) 式に $x = 70$ を代入すると，$y = 20 \times 70$ $y = 1400$
よって，$1400\text{g} = 1.4\text{kg}$

4 (1) $\dfrac{1}{2} \times 7 \times 2 = 7 (\text{cm}^2)$

(2) 下の図のように長方形をつくり，長方形の面積
からまわりの三角形の面積をひく。
$7 \times 5 - \left(\dfrac{1}{2} \times 5 \times 2 + \dfrac{1}{2} \times 1 \times 7 + \dfrac{1}{2} \times 4 \times 5 \right)$
$= 35 - \left(5 + \dfrac{7}{2} + 10 \right)$
$= 35 - \dfrac{37}{2} = \dfrac{33}{2} (\text{cm}^2)$

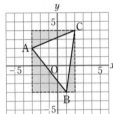

(3) 三角形 ABC と三角形 ACD に分けて求める。

三角形 $\text{ABC} = \dfrac{1}{2} \times 6 \times 2 = 6 (\text{cm}^2)$

三角形 $\text{ACD} = \dfrac{1}{2} \times 6 \times 4 = 12 (\text{cm}^2)$

よって，四角形 ABCD $= 6 + 12 = 18 (\text{cm}^2)$

(4) $3 \times 4 = 12 (\text{cm}^2)$

5 (1) 兄と弟の速さの差は，毎分 $75 - 50 = 25 (\text{m})$ になるので，家を出発してからの時間を x 分，2 人の離れている道のりを ym とすると，式は

$y = 25x$

この式に $y = 200$ を代入すると，$200 = 25x$ $x = 8$
よって，家を出発してから 8 分後。

> 別解 右のグラフ
> より，兄と弟が
> 200m 離れている
> のは，8 分後。

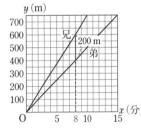

(2) 兄が学校に着くのは，$750 \div 75 = 10 (\text{分後})$ となり，弟と学校までの道のりは，10 分後の兄と弟の離れている道のりと等しくなるので，(1) の式に $x = 10$ を代入する。$y = 25 \times 10 = 250$ となるので，250m。

6 点 A と点 B は双曲線上にあるので，原点 O について対称となっている。

よって，点 A の座標は (2, −4) となる。直線 AB の比例定数は，−4÷2＝−2 なので，$y＝-2x$

双曲線の比例定数は 2×(−4)＝−8 なので，

$$y＝-\frac{8}{x}$$

1 (1) 70g　(2) 35 本
2 9 人
3 (1) 27cm²　(2) 52cm²
4 (1) $a＝48$　(2) 40cm²
5 (1) $y＝3x$, $0 \leqq x \leqq 10$

(2)
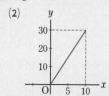

6 (1) A 社の利用料金は，4×90＝360（円）

B 社の利用料金は，150 分以下なので 500 円。よって，B 社のほうが 500−360＝140（円）高い。

(2) A 社…**エ**，B 社…**イ**

解き方

1 (1) くぎ x 本の重さを yg とすると，y は x に比例する。比例定数は 14÷5＝2.8 なので，式は $y＝2.8x$

この式に $x＝25$ を代入すると，

$y＝2.8×25＝70$

よって，くぎ 25 本の重さは 70g

(2) (1)の式に $y＝98$ を代入すると，98＝2.8x　$x＝35$

よって，35 本。

2 ある仕事をするのに x 人で y 日かかるとすると，y は x に反比例する。比例定数は 6×12＝72 なので，式は

$$y＝\frac{72}{x}$$

この式に $y＝8$ を代入すると，$8＝\dfrac{72}{x}$　$x＝9$

よって，9 人。

3 (1) 右上の図 1 のように正方形をつくり，正方形からまわりの三角形をひく。

8×8−(8×2÷2＋5×8÷2＋3×6÷2)＝64−(8+20+9)

＝64−37＝27 (cm²)

（図1）
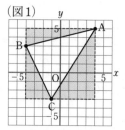

(2) 四角形 ABCD は下の図 2 のようになる。これを下の図 2 のように，正方形をつくり，正方形からまわりの 4 つの三角形の面積をひく。

$$9×9−\left(\frac{1}{2}×9×1+\frac{1}{2}×8×2+\frac{1}{2}×6×1+\frac{1}{2}×9×3\right)$$

$$=81−\left(\frac{9}{2}+8+3+\frac{27}{2}\right)=81−29=52 \text{(cm}^2)$$

（図2）
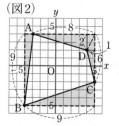

別解　下の図 3，図 4 のように，四角形 ABCD を三角形 ABD と三角形 BCD に分けて求める。

三角形 ABD

$$=9×8−\left(\frac{1}{2}×7×2+\frac{1}{2}×1×9+\frac{1}{2}×8×7\right)$$

$$=72−\left(7+\frac{9}{2}+28\right)=72−\frac{79}{2}=\frac{65}{2}$$

三角形 BCD

$$=7×9−\left(\frac{1}{2}×8×7+\frac{1}{2}×1×4+\frac{1}{2}×9×3\right)$$

$$=63−\left(28+2+\frac{27}{2}\right)=63−\frac{87}{2}=\frac{39}{2}$$

四角形 ABCD $=\dfrac{65}{2}+\dfrac{39}{2}=52 \text{(cm}^2)$

（図3）
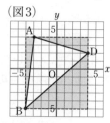

（図4）
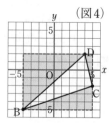

4 (1) 点 P の座標は，$y＝3x$ の直線上にあり，$x＝4$ なので，$y＝3×4$　$y＝12$

よって，P (4, 12)

$y＝\dfrac{a}{x}$ も点 P を通るので，比例定数 a は，

$a＝4×12＝48$

(2) 下の図のように長方形をつくり，長方形からまわりの三角形をひいて面積を求める。

点Qの座標は，点Pと原点について対称になっているので，Q(-4，-12)

点Rの座標は $y=\dfrac{48}{x}$ の双曲線上にあり，$x=-6$ なので，$y=\dfrac{48}{-6}$　$y=-8$

よって，R(-6，-8)

したがって，三角形PQRの面積は，

$24\times10-\left(\dfrac{1}{2}\times8\times24+\dfrac{1}{2}\times2\times4+\dfrac{1}{2}\times10\times20\right)$

$=240-(96+4+100)=240-200=40\,(\mathrm{cm}^2)$

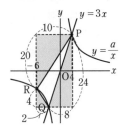

別解 下の図のように2つの三角形に分けて考える。点Rを通り，x軸と平行な直線をひき，直線PQとの交点をSとする。点Sのy座標は-8より，$y=3x$に$y=-8$を代入して，

$x=-\dfrac{8}{3}$　よってS$\left(-\dfrac{8}{3},\ -8\right)$

$RS=6-\dfrac{8}{3}=\dfrac{10}{3}$

三角形PQR＝三角形PRS＋三角形QRS

$=\dfrac{1}{2}\times\dfrac{10}{3}\times\{12-(-8)\}+\dfrac{1}{2}\times\dfrac{10}{3}\times\{-8-(-12)\}$

$=\dfrac{100}{3}+\dfrac{20}{3}=40\,(\mathrm{cm}^2)$

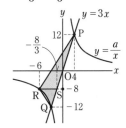

5 (1) 三角形ABPの面積は，底辺が$x\,\mathrm{cm}$，高さが6cmなので，$y=\dfrac{1}{2}\times x\times6$　$y=3x$

点PはBからCまで10cm動くので，$0\leqq x\leqq10$

(2) $x=10$のときyも最大値になるので，

$y=3\times10=30$

よって，原点Oから(10，30)までの直線をひく。

6 (2) A社は0円から1分で4円ずつ増えていく比例

の式になるので，**エ**。B社は150分まで500円の定額で，150分以降1分で3円ずつ増えていくので，最初は平らな直線で，途中から右上がりの直線になる**イ**。

1 (1) -6　(2) $-\dfrac{1}{2}$　(3) -4　(4) 0.32

2 (1) 24　(2) -6　(3) $\dfrac{3}{5}$　(4) -64

3 (1)(ア) -9　(イ) 3　(2) $a=\dfrac{4}{3}$　(3) $a=8$，$b=4$

4 (1) $y=\dfrac{9}{4}x$　(2) $0\leqq x\leqq4$　(3) $0\leqq y\leqq9$

5 (1)① (3a，2a)　② ($a+1$，2$a+2$)
　　③ (3$a+3$，2$a+2$)

(2) $\dfrac{4}{9}$

6 点Aの座標は$\left(1,\ \dfrac{1}{2}\right)$

点Bはx座標が1で，$y=2x$の直線上にあるので，(1，2)

点Cはy座標が2で，$y=\dfrac{1}{2}x$の直線上にあるので，(4，2)

よって，三角形BOCの面積は，$\dfrac{1}{2}\times(4-1)\times2=3$

三角形ABOの面積は，$\dfrac{1}{2}\times\left(2-\dfrac{1}{2}\right)\times1=\dfrac{3}{4}$

したがって，$3\div\dfrac{3}{4}=4$なので，三角形BOC

の面積は三角形ABOの面積の4倍となる。

解き方

1 (1) $y=-2\times3$　$y=-6$

(2) $y=-2\times\dfrac{1}{4}$　$y=-\dfrac{1}{2}$

(3) $8=-2x$　$x=-4$

(4) $-0.64=-2x$　$x=0.32$

2 (1) $y=\dfrac{24}{1}$　$y=24$

(2) $y=\dfrac{24}{-4}$　$y=-6$

(3) $40=\dfrac{24}{x}$　$x=\dfrac{3}{5}$

(4) $-\dfrac{3}{8}=\dfrac{24}{x}$　$-\dfrac{3}{8}x=24$　$x=-64$

3 (1) 比例定数は$1\times18=18$になるので，式は$y=\dfrac{18}{x}$

(ア)は$x=-2$なので，$y=\dfrac{18}{-2}$　$y=-9$

(イ)は$y=6$なので，$6=\dfrac{18}{x}$　$x=3$

(2) $x=9$ のときに y 座標は a になるので，

$$a=\frac{12}{9}=\frac{4}{3}$$

(3) $x=6$ のとき $y=\frac{4}{3}$ なので，比例定数 a は，

$$a=6\times\frac{4}{3}=8 \quad \text{よって，} \quad y=\frac{8}{x}$$

$x=2$ のときの y 座標が b になるので，$b=\frac{8}{2}=4$

4 (1) $y=\frac{1}{2}\times1.5x\times3 \quad y=\frac{9}{4}x$

(2) 点 P は A から D まで進むのに，$6\div1.5=4$（秒）

かかるので，x の変域は $0\leqq x\leqq4$

(3) y が最大値になるのは，点 P が点 D についたとき，

つまり，$x=4$ のときなので，$y=\frac{9}{4}\times4=9$

よって，y の変域は，$0\leqq y\leqq9$

5 (1) ①点 A の座標は，$(a,\ 2a)$

四角形 ABCD は正方形なので，1 辺の長さが $2a$

よって，点 D の x 座標は，$a+2a=3a$ となり，

座標は $(3a,\ 2a)$

②点 F の座標は，$(a+1,\ 0)$

点 E の x 座標は $a+1$ になるので，y 座標は，

$y=2(a+1)=2a+2$

よって，点 E の座標は，$(a+1,\ 2a+2)$

③四角形 EFGH の 1 辺の長さは，$2a+2$ になる

ので，点 H の x 座標は，$(a+1)+(2a+2)=3a+3$

よって，点 H の座標は，$(3a+3,\ 2a+2)$

(2) $a=\frac{2}{3}$ のとき，点 B の x 座標は $\frac{2}{3}$ なので，点 F

の x 座標は $\frac{2}{3}+1=\frac{5}{3}$，四角形 ABCD の 1 辺の

長さは，$2\times\frac{2}{3}=\frac{4}{3}$

点 C の x 座標は $\frac{2}{3}+\frac{4}{3}=2$ なので，

$FC=2-\frac{5}{3}=\frac{1}{3}$

$IF=\frac{4}{3}$ なので，四角形 FCDI の面積は，

$\frac{4}{3}\times\frac{1}{3}=\frac{4}{9}$

Step C-② **解答** 本冊▶p.68〜p.69

1 (1) **エ** (2) **キ** (3) **カ** (4) **オ**
　(5) **イ** (6) **ウ** (7) **ア**

2 (1) 10 (2) (12, 24)

3 ア…12，イ…6

4 (1) (3, 6) (2) $a=2$ (3) 12 個

5 10 個

6 ア

解き方

1 (1)〜(4) は比例の式なので，**エ〜キ**のグラフから選
ぶ。比例定数の絶対値が大きいと直線の傾きが急に
なる。比例定数の大きさを比べると，(1)＞(4)＞(3)
＞(2) となっているので，(1) が**エ**，(4) が**オ**，(3) が**カ**，
(2) が**キ**となる。

(5)〜(7) は反比例の式なので，**ア〜ウ**のグラフから
選ぶ。比例定数の絶対値が大きいと原点から遠くな
っていく。比例定数の絶対値の大きさを比べると，
(7)＞(5)＞(6) となっているので，(7) が**ア**，(5) が**イ**，
(6) が**ウ**となる。

2 (1) 点 P の座標は (8, 16)，点 Q の座標は (8, 6)

よって，PQ の長さは $16-6=10$

(2) 点 P の x 座標を a とすると，点 P の座標は $(a,\ 2a)$

点 Q の座標は $\left(a,\ \frac{3}{4}a\right)$ なので，PQ の長さは

$$2a-\frac{3}{4}a=\frac{5}{4}a$$

PQ = 15 なので，$\frac{5}{4}a=15 \quad a=12$

よって，点 P の座標は (12, 24)

3 交点の座標は $y=\frac{4}{3}x$ の直線上にあり，$x=3$ なの

で，(3, 4)

②は反比例のグラフなので，比例定数 a は，

$a=3\times4=12\cdots$ア

$y=\frac{12}{x}$ のグラフ上にあり，x 座標と y 座標がともに

自然数である座標は，(1, 12)，(2, 6)，(3, 4)，(4, 3)，

(6, 2)，(12, 1) なので，全部で 6 個…イ

4 (1) $y=\frac{18}{x}$ に $y=6$ を代入すると，$6=\frac{18}{x} \quad x=3$

よって，A の座標 (3, 6)

(2) 点 A(3, 6) を通るので，比例定数 a は，

$a=6\div3=2$

(3) x 座標と y 座標がともに整数となる座標は，

(18, 1)，(9, 2)，(6, 3)，(3, 6)

(2, 9)，(1, 18)，(-1, -18)，(-2, -9)，(-3, -6)

(-6, -3)，(-9, -2)，(-18, -1) なので，全部で

12 個。

5 $x=1$ のとき，$y<6$ となるのは $y=1$，2，3，4，5

の 5 個。$x=2$ のとき，$y<3$ となるのは，$y=1$，2

の 2 個。$x=3$ のとき $y<2$，$x=4$ のとき $y<1.5$，$x=5$

のとき $y<1.2$ となるので，それぞれ $y=1$ の 3 個。

よって，全部で $5+2+3=10$（個）

6 m のグラフ上で，y 座標
が a になる点の x 座標は，

$$a = \frac{a}{x} \quad ax = a \quad x = 1$$

直線 ℓ 上で $x = 1$ の y 座標は，
$y = b$
右の図のようになるので，
$a > b$
よって，$a - b > 0$ とわかるので，**ア**。

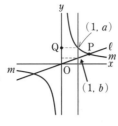

第5章 平面図形

16 図形の移動

Step A 解答　　本冊▶p.70〜p.71

1 (1) 3本　(2) 6本　(3) 1本

2 (1) ∥　(2) ⊥　(3) ∥

3 (1)
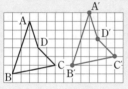

(2) BC∥B′C′

4 (1)
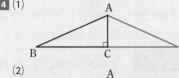

(2)
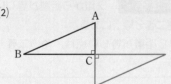

5 (1)
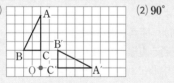
　(2) 90°

6 (1)
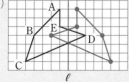

(2) CC′は ℓ によって垂直に2等分される。

解き方
1 (1) 直線 AB，AC，AD の3本。
　(2) 直線 AB，AC，AD，BC，BD，CD の6本。

2 自分で直線をかいてみるとわかりやすい。

3 (1) 点 A を右に7マス，上に1マス移動させると点
　A′ の位置にくるので，点 B，C，D も同じよう
　に移動させる。

4 (2) 図形を180°だけ回転移動させることを点対称移動
　という。

5 (1) 対応する点は，回転の中心から等しい距離にあ
　るので，OA＝OA′，OB＝OB′，OC＝OC′と
　なる点 O を見つける。
　(2) ∠AOA′＝∠BOB′＝∠COC′＝90°なので，
　90°回転させたことがわかる。

6 (2) 対応する点を結んだ線分は，対称の軸によって
　垂直に2等分される。

Step B 解答　　本冊▶p.72〜p.73

1 (1) BE，FG　(2) DF，CD　(3) D，F　(4) B，A

2
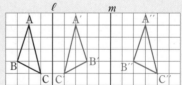

3 (1) 三角形 EFA を，線分 EF を軸として対称
　移動させた図形
　(2) 55°

4 (1)
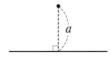

(2) 直線 ℓ（直線 m）に垂直な方向に，10cm だけ
　平行移動すればよい。

5 (1) 点 C を中心として，90°回転すればよい。
　(2) 点 A　(3) 線分 AC

6 (1) エ，オ
　(2) エからクまで対称移動して，クからアまで
　回転移動する。
　別解 エからオまで回転移動して，オからア
　まで対称移動する。

解き方
1 下の図の a の長さを点と直線との距離という。

2 AB∥A′B′であることから，180°の回転移動（点対称移動）であることがわかる。点対称移動では，対応するAとA′，BとB′，CとC′を結んだ交点Oが回転の中心である。

3 (2) 三角形EFAと三角形EFGは合同であるから，
　　∠GFE＝∠AFE＝35°
　　よって，∠FEG＝180°－(35°＋90°)＝55°

17| いろいろな作図

本冊▶p.74～p.75

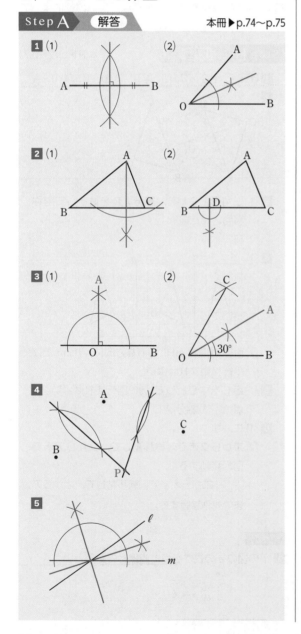

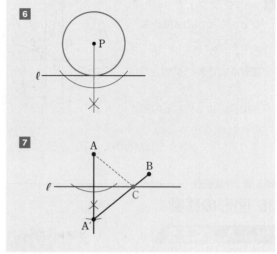

解き方

3 (1) 点Oを通る直線OBの垂線をひく。

(2) 正三角形の1つの角は60°であることなので，正三角形の作図を利用する。

①O，Bを中心として，OBの長さと等しい半径の円をそれぞれかき，2つの円の交点をCとする。

②∠COBの二等分線をひき，半直線OAとする。

4 3点A，B，Cから等しい距離にある点は，それぞれの点を結んだ線分の垂直二等分線の交点である。

> 🛡 **ここに注意**　2点から距離が等しい点は，垂直二等分線上にある。
> 2直線から距離が等しい点は，角の二等分線上にある。

5 直線ℓと直線mが交わってできる角の二等分線を2本ひけばよい。

6 円の接線は，接点を通る半径に垂直である。

①点Pを通る直線ℓの垂線をひく。

②点Pを中心に，点Pから接点までの長さを半径とする円をかく。

7 ①点Aを通る直線ℓの垂線をひき，直線ℓについて点Aと対称な点A′を求める。

②A′とBを結び，線分A′Bと直線ℓの交点をCとする。

> 🛡 **ここに注意**　AC＝A′Cなので，
> AC＋BCの長さが最小となるときの点Cは，A′C＋BCの長さが最小になるときの点Cを考えればよい。

1 (1)

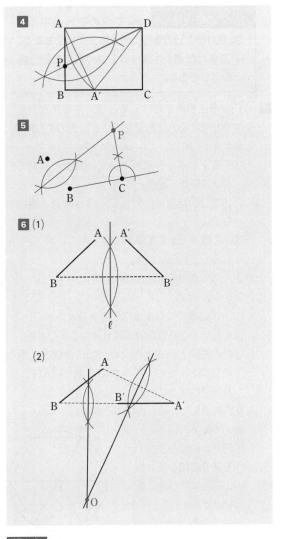

(2)

2 (1)

(2)

3 (1) (2)

(3)

4

5

6 (1)

(2)

解き方

1 (1) ①線分 AB の垂直二等分線をひき，線分 AB と
の交点を D とする。

②線分 AD の垂直二等分線をひき，線分 AD と
の交点を C とする。

③線分 DB にも②と同じようにして，点 E をつ
くる。

(2) OA＝OB，OA⊥ℓ になるような点 O を求める。

①線分 AB の垂直二等分線をひく。

②点 A を通る直線 ℓ の垂線をひく。

③①，②の交点を O とする。

2 (1) ①三角形の 2 つの辺の垂直二等分線をひく。

②①の交点を円 O の中心とし，三角形の頂点ま
での距離（きょり）を半径とする円をかく。

(2) 三角形の 2 つの角の二等分線をひき，交点を I
とする。

> **ⓘ ここに注意**　(1) で求めた円の中心 O
> は，残りの 1 辺の垂直二等分線上の点でもある。
> (2) で求めた点 I は残りの 1 つの角の二等分線
> 上の点でもある。

3 (1) 円から正多角形をつくるとき，中心角を何度に
するか考える。正方形をつくるときの中心角は，
$360° ÷ 4 = 90°$
①円周上の点から点 O を通る直線を反対側の円
周までひき，直径とする。
②①でひいた直径に対して，点 O を通る垂線を
ひく。
③①の直径と②の垂線の円周との，4 つの交点を
結んで正方形にする。

(2) 正八角形をつくるときの中心角は，
$360° ÷ 8 = 45°$
①(1) の②まで同じように直線をひく。
②中心にできる直角の二等分線を 2 本ひく。
③①の直線と円周との交点，②の直線と円周と
の交点の，合わせて 8 つの交点を結んで，正
八角形にする。

(3) 正六角形をつくるときの中心角は，
$360° ÷ 6 = 60°$
①円周上の点から点 O
を通る直線を反対側
の円周までひき，直
径とする。
②右の図のように①の
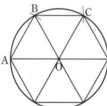
円周上の点を点 A として，OA と同じ長さを
点 A からコンパスではかり，円周との交点を
点 B とする。△OAB は正三角形になる。
③点 B から点 O を通る直線を反対側の円周まで
ひく。
④②，③と同じように，点 B から点 A と反対側
の円周上に，OA と同じ長さになる点 C をつ
くり，③と同じように直線をひく。
⑤①，③，④でひいた直線と円周との 6 つの交
点を結んで正六角形にする。

4 ①DA = DA′ となる点 A′ を辺 BC 上にとる。
②線分 AA′ の垂直二等分線をひくと，点 D を通り，
DP が折り目の直線となる。

5 線分 AB の垂直二等分線と，点 C を通る直線 BC
の垂線の交点が点 P である。

6 (1) 対称の軸は，対応する 2 点を結ぶ線分の垂直二

等分線である。よって，線分 AA′ または線分
BB′ の垂直二等分線 ℓ をひく。
(2) OA = OA′，OB = OB′ なので，線分 AA′ の垂
直二等分線と，線分 BB′ の垂直二等分線との交
点が回転の中心 O になる。

18 おうぎ形

Step A　　**解答**　　本冊 ▶ p.78〜p.79

> **1** (1) 弧 AB，弧 BC，弧 DE，弧 EA
> (2) 弦 AB，弦 BC，弦 DE，弦 EA　(3) $144°$
> **2** (1) $2π$ cm　(2) $(2π+6)$ cm　(3) $10π$ cm²
> (4) $2π$ cm²
> **3** (1) 弧の長さ…$\frac{4}{3}π$ cm，面積…$\frac{16}{3}π$ cm²
> (2) 弧の長さ…$8π$ cm，面積…$24π$ cm²
> **4** 12cm
> **5** (1) $280°$　(2) 8cm　(3) 3cm　(4) $160°$
> **6** (1) 周の長さ…$(4π+16)$ cm，
> 面積…$(64-16π)$ cm²
> (2) 周の長さ…$(10π+10)$ cm，面積…$25π$ cm²

解き方

1 (3) $360° × \frac{2}{5} = 144°$

2 (1) $2π × 4 × \frac{90}{360} = 8π × \frac{1}{4} = 2π$ (cm)

(2) $2π × 3 × \frac{120}{360} + 3 × 2 = 6π × \frac{1}{3} + 6 = 2π + 6$(cm)

> **ⓘ ここに注意**　おうぎ形の周の長さを求め
> るとき，半径 ×2 の長さを忘れないように
> する。

(3) $π × 5² × \frac{144}{360} = 25π × \frac{2}{5} = 10π$ (cm²)

(4) 直径 8cm = 半径 4cm
$π × 4² × \frac{45}{360} = 16π × \frac{1}{8} = 2π$ (cm²)

3 (1) 弧の長さは，$2π × 8 × \frac{30}{360} = \frac{4}{3}π$ (cm)

面積は，$π × 8² × \frac{30}{360} = \frac{16}{3}π$ (cm²)

(2) 弧の長さは，$2π × 6 × \frac{240}{360} = 8π$ (cm)

面積は，$π × 6² × \frac{240}{360} = 24π$ (cm²)

4 弧の長さは，中心角の大きさに比例する。

∠AOC＝∠AOB＋∠BOC なので，

∠AOC：∠AOB＝$\overset{\frown}{AC}$：$\overset{\frown}{AB}$＝（1＋3）：1＝4：1

よって，$\overset{\frown}{AC}$ の長さは 3×4＝12（cm）

5 (1) 中心角を $a°$ として方程式をつくる。

$$\pi \times 3^2 \times \frac{a}{360} = 7\pi \quad \frac{\pi a}{40} = 7\pi \quad \frac{a}{40} = 7 \quad a = 280$$

(2) おうぎ形の半径を $r$cm として方程式をつくる。

$$2\pi \times r \times \frac{90}{360} = 4\pi \quad \frac{1}{2}\pi r = 4\pi \quad r = 8$$

(3) 円の半径を $r$cm として方程式をつくる。

$$2\pi \times 9 \times \frac{120}{360} = 2\pi r \quad 6\pi = 2\pi r \quad r = 3$$

(4) 中心角を $a°$ として方程式をつくる。

$$\pi \times 4^2 = \pi \times 6^2 \times \frac{a}{360} \quad 16\pi = \frac{\pi a}{10} \quad a = 160$$

6 (1) 周の長さは，

$$2\pi \times 8 \times \frac{90}{360} + 8 \times 2 = 4\pi + 16 \text{（cm）}$$

面積は，

$$8 \times 8 - \pi \times 8^2 \times \frac{90}{360} = 64 - 16\pi \text{（cm}^2\text{）}$$

(2) 周の長さは，

$$2\pi \times 10 \times \frac{72}{360} + 2\pi \times (10+5) \times \frac{72}{360} + 5 \times 2$$

$$= 20\pi \times \frac{1}{5} + 30\pi \times \frac{1}{5} + 10 = (20\pi + 30\pi) \times \frac{1}{5} + 10$$

$$= 50\pi \times \frac{1}{5} + 10 = 10\pi + 10 \text{（cm）}$$

面積は，

$$\pi \times (10+5)^2 \times \frac{72}{360} - \pi \times 10^2 \times \frac{72}{360}$$

$$= 225\pi \times \frac{1}{5} - 100\pi \times \frac{1}{5} = (225\pi - 100\pi) \times \frac{1}{5}$$

$$= 25\pi \text{（cm}^2\text{）}$$

Step B 解答　本冊▶p.80〜p.81

1 (1) $40°$　(2) 12π cm²　(3) $\dfrac{20}{3}\pi$ cm

2 (1) 周の長さ…6π cm，面積…2π cm²

(2) 周の長さ…$\left(\dfrac{50}{3}\pi + 4\right)$ cm，面積…$\dfrac{50}{3}\pi$ cm²

(3) 周の長さ…$(20\pi + 80)$ cm，面積…200cm²

(4) 周の長さ…$\dfrac{106}{3}\pi$ cm，面積…80π cm²

3 (1)

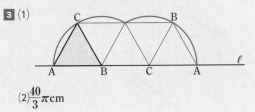

(2) $\dfrac{40}{3}\pi$ cm

4 (1) 6cm　(2) 8π cm　(3) $\dfrac{56}{3}\pi$ cm²

5 (1)

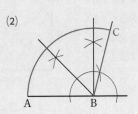

(2)

解き方

1 (1) $360° \times \dfrac{1}{1+3+5} = 360° \times \dfrac{1}{9} = 40°$

(2) $\overset{\frown}{BC}$ の長さは $\overset{\frown}{AB}$ の3倍なので，中心角も3倍になる。

∠BOC＝40°×3＝120°

よって，おうぎ形BOCの面積は，

$$\pi \times 6^2 \times \frac{120}{360} = 36\pi \times \frac{1}{3} = 12\pi \text{（cm}^2\text{）}$$

(3) ∠AOC＝40°×5＝200°

$\overset{\frown}{CA}$ の長さは，$2\pi \times 6 \times \dfrac{200}{360} = 12\pi \times \dfrac{5}{9} = \dfrac{20}{3}\pi$ （cm）

2 (1) 半円のそれぞれの半径は，小さい方から1cm，2cm，3cm である。

周の長さは，

$$2\pi \times 1 \times \frac{180}{360} + 2\pi \times 2 \times \frac{180}{360} + 2\pi \times 3 \times \frac{180}{360}$$

$$= 2\pi \times \frac{1}{2} + 4\pi \times \frac{1}{2} + 6\pi \times \frac{1}{2}$$

$$= (2\pi + 4\pi + 6\pi) \times \frac{1}{2} = 12\pi \times \frac{1}{2} = 6\pi \text{（cm）}$$

面積は，

$$\pi \times 3^2 \times \frac{180}{360} - \left(\pi \times 1^2 \times \frac{180}{360} + \pi \times 2^2 \times \frac{180}{360}\right)$$

$$= 9\pi \times \frac{1}{2} - \pi \times \frac{1}{2} - 4\pi \times \frac{1}{2} = (9\pi - \pi - 4\pi) \times \frac{1}{2}$$

$$= 4\pi \times \frac{1}{2} = 2\pi \text{（cm}^2\text{）}$$

(2) 周の長さは，

$$2\pi \times 4 \times \frac{300}{360} + 2\pi \times (4+2) \times \frac{300}{360} + 2 \times 2$$

$$= 8\pi \times \frac{5}{6} + 12\pi \times \frac{5}{6} + 4 = (8\pi + 12\pi) \times \frac{5}{6} + 4$$

$$= 20\pi \times \frac{5}{6} + 4 = \frac{50}{3}\pi + 4 \text{（cm）}$$

面積は，

$$\pi \times (4+2)^2 \times \frac{300}{360} - \pi \times 4^2 \times \frac{300}{360} = 36\pi \times \frac{5}{6} - 16\pi \times \frac{5}{6}$$

$$= (36\pi - 16\pi) \times \frac{5}{6} = 20\pi \times \frac{5}{6} = \frac{50}{3}\pi \, (\text{cm}^2)$$

(3) 4つのおうぎ形の半径は 10cm で等しい。

周の長さは，

$$2\pi \times 10 \times \frac{90}{360} \times 4 + 20 \times 4 = 20\pi + 80 \, (\text{cm})$$

色のついた部分を右の図のように，移動すると，1辺が 10cm の正方形の面積2つ分と等しくなる。

よって面積は，

$$10 \times 10 \times 2 = 200 \, (\text{cm}^2)$$

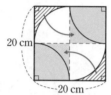

20 cm
20 cm

(4) OA を直径とする半円の半径は 15cm なので，OB を直径とする半円の半径も 15cm である。

周の長さは，

$$2\pi \times 15 \times \frac{180}{360} \times 2 + 2\pi \times 30 \times \frac{32}{360} = 30\pi + \frac{16}{3}\pi$$

$$= \frac{106}{3}\pi \, (\text{cm})$$

色のついた部分の面積は，OB を直径とする半円とおうぎ形 OAB の面積の和から OA を直径とする半円の面積をひいて求めることができる。2つの半円の面積は等しいので，色のついた部分の面積はおうぎ形 OAB の面積と等しい。

面積は，$\pi \times 30^2 \times \frac{32}{360} = 80\pi \, (\text{cm}^2)$

3 (2) 半径が 10cm で中心角が 120° のおうぎ形2つ分の弧の長さになる。

$$2\pi \times 10 \times \frac{120}{360} \times 2 = \frac{40}{3}\pi \, (\text{cm})$$

4 (1) AB = BC = CA = 2cm

CA = AD より，BD = 2+2 = 4 (cm)

BD = BE より，CE = 2+4 = 6 (cm)

CE = CF より，CF = 6 (cm)

(2) おうぎ形 CAD，おうぎ形 DBE，おうぎ形 ECF はすべて中心角が 180° − 60° = 120° になる。よって，

$$2\pi \times 2 \times \frac{120}{360} + 2\pi \times 4 \times \frac{120}{360} + 2\pi \times 6 \times \frac{120}{360}$$

$$= 4\pi \times \frac{1}{3} + 8\pi \times \frac{1}{3} + 12\pi \times \frac{1}{3} = (4\pi + 8\pi + 12\pi) \times \frac{1}{3}$$

$$= 24\pi \times \frac{1}{3} = 8\pi \, (\text{cm})$$

(3) $\pi \times 2^2 \times \frac{120}{360} + \pi \times 4^2 \times \frac{120}{360} + \pi \times 6^2 \times \frac{120}{360}$

$$= 4\pi \times \frac{1}{3} + 16\pi \times \frac{1}{3} + 36\pi \times \frac{1}{3}$$

$$= (4\pi + 16\pi + 36\pi) \times \frac{1}{3}$$

$$= 56\pi \times \frac{1}{3} = \frac{56}{3}\pi \, (\text{cm}^2)$$

5 (1) ①線分 AB を点 B の右側に延長し，点 B を通る直線 AB の垂線をひいて 90° の角をつくる。

②点 B の右側にある 90° の角の二等分線をひいて 135° の角をつくる。

③点 B を中心に点 A から弧をかいて，おうぎ形 ABC をつくる。

(2) 105° = 45° + 60° であることから作図する。

①(1) と同じように，90° の角をつくる。

②点 B の左側にある 90° の角の二等分線をひいて 45° の角をつくる。

③正三角形の作図を利用して，②の角の二等分線を1辺とする 60° の角をつくる。

④点 B を中心に点 A から弧をかいて，おうぎ形 ABC をつくると，∠ABC = 45° + 60° = 105° になる。

Step C-① 解答 本冊▶p.82〜p.83

1 (1) $\ell \parallel p$ (2) $\ell \perp p$

2 (1)

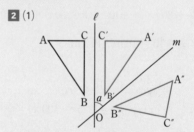

(2) △ABC を1回の移動で△A″B″C″に重ねるには，ℓ と m の交点 O を中心として 2∠a だけ回転移動すればよい。

3

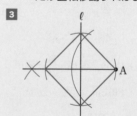

4

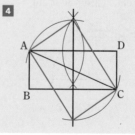

5 (1) $\left(50-\dfrac{25}{2}\pi\right)$cm²   (2) $(25\pi-50)$cm²

6 (1) 25cm²   (2) $(16\pi+96)$cm²

    (3) 24cm²   (4) $(2\pi-4)$cm²

7 $(2\pi+26)$cm

解き方

2 (2) 右の図のように，点B
がどれだけ回転移動し
たかを考える。
●+× ＝∠a なので，
∠BOB″ は ∠a の2倍
の大きさであることがわかる。

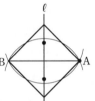

3 ①右の図のように，直線ℓ
について点Aと対称な
点Bをとり，線分ABと
ℓとの交点をOとする。

②直線ℓ上に，OC＝OD
＝OA＝OBとなる点
C，Dをとり，四角形ACBDをつくる。

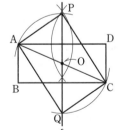

別解 直線ℓについて点A
と対称な点Bは次のよう
にかくこともできる。

①直線ℓ上に適当な2点をと
る。

②それら2点を中心として，
点Aを通る円をそれぞれかき，点Aでない方の
交点をBとする。

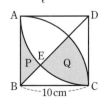

4 ①辺ADの垂直二等分線ℓをひき，対角線ACと
の交点をOとする。

②直線ℓ上に，
OP＝OQ＝OA＝OC
となる点P，Qをとり，
四角形AQCPをつく
る。

5 (1) 右の図より，Pの面積は
△ABDからおうぎ形
ADEの面積をひいて求
めることができる。おう
ぎ形ADEの中心角は，
$90°\div2=45°$なので，
$\dfrac{1}{2}\times10\times10-\pi\times10^2\times\dfrac{45}{360}=50-\dfrac{25}{2}\pi$（cm²）

---

(2) Qの面積は△BCDからPの面積2つ分をひく。
$\dfrac{1}{2}\times10\times10-2\times\left(50-\dfrac{25}{2}\pi\right)=50-100+25\pi$
$=25\pi-50$（cm²）

6 (1) 右の図のように，色のつ
いた部分を移動する
と，直角二等辺三角形
にまとまる。

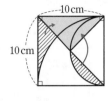

正方形の$\dfrac{1}{4}$の面積にな

るので，

$10\times10\times\dfrac{1}{4}=25$（cm²）

(2) 右の図のように，三角形2
つと，おうぎ形に分ける。
AD＝CD＝16cmなので，
OA＝OD＝OE
$=16\div2=8$（cm）
$\pi\times8^2\times\dfrac{90}{360}+\dfrac{1}{2}\times8\times8+\dfrac{1}{2}\times8\times16$
$=16\pi+96$（cm²）

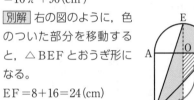

別解 右の図のように，色
のついた部分を移動する
と，△BEFとおうぎ形に
なる。
EF＝8+16＝24（cm）
$\pi\times8^2\times\dfrac{90}{360}+\dfrac{1}{2}\times8\times24$
$=16\pi+96$（cm²）

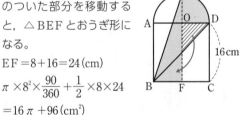

(3) 直角三角形と直径6cmの半円と直径8cmの半円
の面積の和から，直径10cmの半円の面積をひ
く。

$\dfrac{1}{2}\times6\times8+\pi\times3^2\times\dfrac{180}{360}+\pi\times4^2\times\dfrac{180}{360}-\pi\times5^2\times\dfrac{180}{360}$

$=24+9\pi\times\dfrac{1}{2}+16\pi\times\dfrac{1}{2}-25\pi\times\dfrac{1}{2}$

$=24+(9\pi+16\pi-25\pi)\times\dfrac{1}{2}=24+0\times\dfrac{1}{2}$

$=24$（cm²）

❗ ここに注意 直径6cmの半円と直径
8cmの半円の面積の和が，直径10cmの半円
の面積と等しいので，求める面積は直角三角
形の面積に等しくなる。

---

(4) 半径4cmのおうぎ形の面積から，1辺2cmの正
方形と半径2cm中心角90°のおうぎ形2つの面積
の和をひく。

$\pi\times4^2\times\dfrac{90}{360}-\left(2\times2+\pi\times2^2\times\dfrac{90}{360}\times2\right)$

$$=16\pi\times\frac{1}{4}-4-8\pi\times\frac{1}{4}=(16\pi-8\pi)\times\frac{1}{4}-4$$
$$=8\pi\times\frac{1}{4}-4=2\pi-4\,(\text{cm}^2)$$

7 円の中心がえがく線は下の図のようになる。

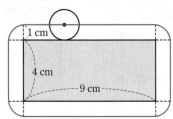

直線部分は長方形のまわりの長さと等しいから，
$(4+9)\times2=26\,(\text{cm})$
曲線部分は，4つ合わせると半径が1cmの円になるから，$2\pi\times1=2\pi\,(\text{cm})$
よって，$(2\pi+26)\,\text{cm}$

Step C-② 解答

本冊 ▶ p.84〜p.85

1 (1) $62°$ (2) $55°$
2 (1) $\angle BOE$, $\angle COF$ (2) $\angle EOF$
3

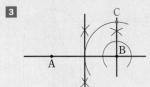

4

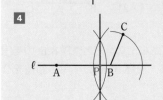

5

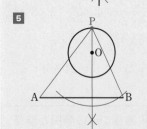

6

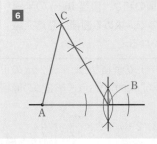

7 (1) $14\pi\,\text{cm}^2$ (2) $84\pi\,\text{cm}^2$
8 (1)

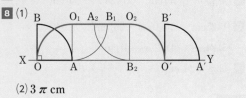

(2) $3\pi\,\text{cm}$

解き方

1 (1) 点Aは接点なので，$\angle OAP=90°$
よって，$\angle x=180°-(28°+90°)=62°$
(2) 点A，Bは接点なので，$\angle OAP=\angle OBP=90°$
よって，$\angle x=360°-(90°\times2+125°)=55°$

2 (1) 回転移動では，対応する点と回転の中心とを結んでできる角の大きさは，回転の角に等しい。
対応する点は，点AとD，点BとE，点CとFだから，
$\angle AOD=\angle BOE=\angle COF$である。
(2) 点BとE，点CとFが対応する点だから，
$\angle BOC=\angle EOF$

3 線分ABの中点を求めるため，線分ABの垂直二等分線 ℓ をひく。$\angle ABC=90°$ をつくるため，点Bを通って直線ABに垂線 m をひく。この m 上に，$BC=\frac{1}{2}AB$ となる点Cをとればよい。

4 直線 ℓ 上で，点Bの右側に $CB=C'B$ となる点 C' をとり，線分 AC' の中点Pを作図すればよい。
$AP=C'P=C'B+BP=CB+BP$

5 △PABの面積を最大にするには，高さを最大にすればよい。
中心Oから，線分ABに垂線をひき，円周と交わる2点のうち，線分ABから遠い点をPとする。

6 ①点Aを決めて，点Aを通る直線をひく。
②点Aから線分PQと同じ長さをコンパスではかり，①の直線との交点を点Dとする。
③点Dから線分PQと同じ長さをコンパスではかり，①の直線との交点を点Eとする。
④線分DEの垂直二等分線をかき，線分Dとの交点を点Bとする。
⑤線分ABと同じ長さを，点A，Bのそれぞれからコンパスではかり，その交点と点Bを直線で

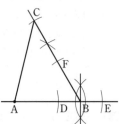

つなぐ。

⑥点 B から線分 PQ と同じ長さをはかり，⑤の直線との交点を点 F とする。

⑦点 F から線分 PQ と同じ長さをはかり，⑤の直線との交点を点 C とする。

⑧点 A，B，C を直線でつないで△ABC とする。

7 (1) それぞれのおうぎ形の半径は，小さいほうから 2cm，4cm，6cm となる。

$$\pi \times 2^2 \times \frac{90}{360} + \pi \times 4^2 \times \frac{90}{360} + \pi \times 6^2 \times \frac{90}{360}$$

$$= (4\pi + 16\pi + 36\pi) \times \frac{1}{4} = 56\pi \times \frac{1}{4} = 14\pi \,(cm^2)$$

(2) それぞれのおうぎ形の半径は，小さい方から 6cm，12cm，18cm になり，中心角は

$$180° - 120° = 60°$$

$$\pi \times 6^2 \times \frac{60}{360} + \pi \times 12^2 \times \frac{60}{360} + \pi \times 18^2 \times \frac{60}{360}$$

$$= 36\pi \times \frac{1}{6} + 144\pi \times \frac{1}{6} + 324\pi \times \frac{1}{6}$$

$$= (36\pi + 144\pi + 324\pi) \times \frac{1}{6}$$

$$= 504\pi \times \frac{1}{6} = 84\pi \,(cm^2)$$

8 (2) 直線部分はおうぎ形 AOB の弧の長さと等しくなるので，点 O がえがいた線は，おうぎ形 AOB と等しいおうぎ形 3 つ分の弧の長さと等しい。

$$2\pi \times 2 \times \frac{90}{360} \times 3 = 12\pi \times \frac{1}{4} = 3\pi \,(cm)$$

第 6 章　空間図形

19│直線や平面の位置関係

Step A　解答　　　　本冊▶p.86〜p.87

1 (1) ①面 EFGH，CDHG

②辺 AD，BC，AE，BF

③辺 DH，CG，EH，FG

(2) 辺 AE，BF，CG，DH

2 (1) 辺 AD　(2) 辺 AD，BC　(3) 辺 AB，BC

3 平面 P∥Q だから，平面 P と Q は交わらない。よって，P 上の直線 ℓ と Q 上の直線 m も交わらない。

1 つの平面 R 上にあって，交わらない 2 直線だから，ℓ∥m である。

4 (1) ×　(2) ○　(3) ×　(4) ○　(5) ×　(6) ×

5 (1) 平面 QRGC，SRGH

(2) 辺 QC，RG，CD，GH

(3) 辺 QC，RG，CD，GH

(4) 辺 PD，SH，RG

解き方

4 次のような場合が考えられるので×

(1)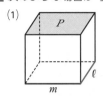

(3)

(5)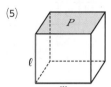

(6)

20│立体のいろいろな見方

Step A　解答　　　　本冊▶p.88〜p.89

1 (1) (例1)△DEF を，この三角形の面に垂直な線分 AD にそって D から A まで平行移動させてできた立体。

(例2)△DEF の辺上を垂直な線分 AD を 1 周させてできた立体。

(2) (例1)直角三角形 VAO を，辺 VO を軸として 1 回転させてできた立体。

(例2)直径 AB の円 O の周上の動点 A と頂点 V を定点として，VA を 1 回転させてできた立体。

(3) (例1)底面の円 O を，それと垂直な方向へ OA だけ平行移動させてできた立体。

(例2)長方形 AOCB を，AO を軸として 1 回転させてできた立体。

(例3)底面の円 O の周上を垂直な線分 BC を 1 周させてできた立体。

2 (1) 円柱　(2) 球　(3) 円錐

3 (1) オ　(2) エ　(3) ウ　(4) カ　(5) ア　(6) イ

4 (1) 三角柱　(2) 球　(3) 四角錐

5 (1) 面カ　(2) 辺 LH　(3) 点 D，N

6

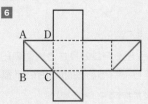

3 底面と側面の形に注目する。角柱や円柱の側面は長方形，角錐の側面は三角形，円錐の側面はおうぎ形になる。

5 (2)，(3) は右の図のように重なる点を点線で結んでみるとよい。

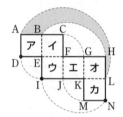

6 右の図のように，展開図に頂点の文字を書き入れるとわかりやすい。
対角線 AF は①，FC は②，CA は③である。

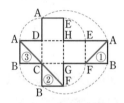

1 (1)六角柱　(2)面ア，オ　(3)面ク
2 (1)円錐　(2)8πcm　(3)4cm
3 イ
4 (1)点L，N　(2)辺ED　(3)7枚
5 6回転
6

7

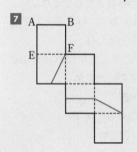

2 (2) $2\pi \times 12 \times \dfrac{120}{360} = 8\pi$ (cm)

(3) 円錐の側面のおうぎ形の弧の長さと底面の円の円周の長さは等しくなる。底面の円の半径を r cm とすると，$2\pi r = 8\pi$　$r=4$
よって，底面の円の半径は 4cm。

3 ア 5 面，イ 7 面，ウ 6 面，エ 6 面となるので，面の数が最も多いのはイ

4 (1)，(2) 右の図のように，重なる。
(3) 立方体には辺が12本ある。
展開図では，辺BM，MJ，CJ，CF，IF の5本が切り離されないで残っている。よって，あと 12−5＝7(本)くっつければよい。

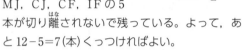

5 点線で示した円の円周は，$2\pi \times 12 = 24\pi$ (cm)
円錐の底面の円周は，直径が 4cm より 4π cm なので，$24\pi \div 4\pi = 6$(回転)する。

6

平行な辺

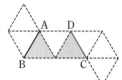

7 右の図のように，展開図に頂点の文字を書き入れ，辺CDの中点にP，辺GHの中点にQをとる。
面 ABCD，DCGH，GFEH 上に，線分 AP，PQ，QF をひけばよい。

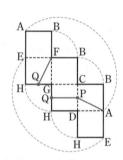

21 立体の表面積と体積

1 (1)252cm³　(2)表面積…156cm²，体積…72 cm³
2 (1)体積…128π cm³，表面積…96π cm²
　　(2)18cm³　(3)6cm　(4)12π cm³
3 12cm
4 (1)表面積…144π cm²，体積…288π cm³
　　(2)表面積…243π cm²，体積…486π cm³
5 39π cm²
6 156cm²
7 (1)144π cm²　(2)288°

1 (1)角柱の体積は，底面積×高さ で求められるので，$21 \times 12 = 252$ (cm³)
(2)表面積は，

$\frac{1}{2}\times3\times4\times2+(3+4+5)\times12=12+144=156\,(\text{cm}^2)$

体積は，$\frac{1}{2}\times3\times4\times12=72\,(\text{cm}^3)$

> **⚠ ここに注意** 角柱や円柱の表面積は，
> 底面積×2＋側面積 で求める。
> また角柱や円柱の側面積は，
> 底面の周りの長さ×高さ で求められる。

2 (1) 体積は，$\pi\times4^2\times8=128\pi\,(\text{cm}^3)$
　　表面積は，$\pi\times4^2\times2+2\pi\times4\times8=96\pi\,(\text{cm}^2)$

(2) $\frac{1}{3}\times3\times3\times6=18\,(\text{cm}^3)$

(3) 高さを h cm とすると，$\frac{1}{3}\times40\times h=80$　$h=6$
　　よって，高さは 6cm。

(4) $\frac{1}{3}\times\pi\times2^2\times9=12\pi\,(\text{cm}^3)$

3 水の体積は，$\pi\times4^2\times27=432\pi\,(\text{cm}^3)$
水の深さを h cm とすると，
$\pi\times6^2\times h=432\pi$　$h=12$
よって，水の深さは 12cm。

4 (1) 球の半径は，$12\div2=6\,(\text{cm})$
　　表面積は，$4\pi\times6^2=144\pi\,(\text{cm}^2)$
　　体積は，$\frac{4}{3}\pi\times6^3=288\pi\,(\text{cm}^3)$

(2) 表面積は，球の表面積の $\frac{1}{2}$ と底面の円の面積の

和となるので，$\frac{1}{2}\times4\pi\times9^2+\pi\times9^2=243\pi\,(\text{cm}^2)$

体積は，球の体積の $\frac{1}{2}$ となるので，

$\frac{1}{2}\times\frac{4}{3}\pi\times9^3=486\,(\text{cm}^3)$

5 円錐の表面積は，底面積と側面積の和になるので，
$\pi\times3^2+\pi\times3\times10=9\pi+30\pi=39\pi\,(\text{cm}^2)$

> **⚠ ここに注意** 円錐の底面の半径を r，
> 母線の長さを R とすると，側面積は πrR で
> 求められる。

別解 おうぎ形の面積は $\frac{1}{2}\ell r$

なので，表面積は，

$\pi\times3^2+\frac{1}{2}\times(2\pi\times3)\times10$
$=9\pi+30\pi=39\pi\,(\text{cm}^2)$

6 正四角錐の表面積は，底面と側面積の和になる。側
面積は，等しい形の二等辺三角形 ×4 で求められ
る。

$6\times6+\frac{1}{2}\times6\times10\times4=36+120=156\,(\text{cm}^2)$

7 (1) $\pi\times8^2+\pi\times10\times8=64\pi+80\pi=144\pi\,(\text{cm}^2)$

(2) 中心角を $x°$ とすると，

$2\pi\times10\times\frac{x}{360}=2\pi\times8$　$x=288$

よって，中心角は $288°$

別解 側面のおうぎ形の中心角は，$360°\times\frac{半径}{母線}$

でも求められる。$360°\times\frac{8}{10}=288°$

Step B　解答　本冊 ▶ p.94〜p.95

1 (1) 648cm^3　(2) 60cm^3　(3) 496cm^3
2 (1) 174cm^2　(2) $500\pi\text{cm}^2$　(3) $(64\pi+480)\text{cm}^2$
3 (1) $28\pi\text{cm}^3$　(2) $15\pi\text{cm}^3$　(3) $24\pi\text{cm}^3$
4 (1) 5cm　(2) $100\pi\text{cm}^2$
5 (1) $90\pi\text{cm}^2$　(2) $84\pi\text{cm}^3$
6 $\frac{9}{2}\text{cm}$
7 (1) $30\pi\text{cm}^3$　(2) $33\pi\text{cm}^2$

解き方
1 (1) $\frac{1}{2}\times(10+14)\times3\times18=648\,(\text{cm}^3)$

(2) $\frac{1}{3}\times\frac{1}{2}\times10\times4\times9=60\,(\text{cm}^3)$

(3) 正面の面を底面として考える。
$\left\{6\times12-\frac{1}{2}\times(12-7)\times(6-4)\right\}\times8=62\times8$
$=496\,(\text{cm}^3)$

2 (1) 角柱なので正面の面を底面として，
底面積×2＋側面積 で考える。
$\left\{7\times3+\frac{1}{2}\times(6-3)\times(7-4)\right\}\times2+(3+7+6+5+3)\times5$
$=54+120=174\,(\text{cm}^2)$

(2) 上から見た面積は大きいほうの円柱の底面積と
等しくなるので，大きいほうの円柱の底面積
×2＋小さいほうの円柱の側面積＋大きいほうの
円柱の側面積 で求める。円柱の側面積は，底面
の円周×高さ で求められる。
$\pi\times10^2\times2+10\pi\times10+20\pi\times10=500\pi\,(\text{cm}^2)$

(3) $\pi\times12^2\times\frac{30}{360}\times2+\left(2\pi\times12\times\frac{30}{360}+12\times2\right)\times20$
$=24\pi+40\pi+480=64\pi+480\,(\text{cm}^2)$

3 (1) 円柱になる。$\pi\times2^2\times7=28\pi\,(\text{cm}^3)$
(2) 円錐を 2 つ重ねた立体になる。
$\frac{1}{3}\times\pi\times3^2\times3+\frac{1}{3}\times\pi\times3^2\times2=9\pi+6\pi$
$=15\pi\,(\text{cm}^3)$

(3) 円柱から円錐をくりぬいた形になるので，円柱から円錐の体積をひけばよい。

$$\pi \times 3^2 \times 4 - \frac{1}{3} \times \pi \times 3^2 \times 4 = \left(1 - \frac{1}{3}\right) \times 36\pi$$
$$= 24\pi \ (\text{cm}^3)$$

4 (1) 底面の半径を r cm とすると，

$$2\pi r = 2\pi \times 15 \times \frac{120}{360} \quad r = 5$$

よって，底面の半径は 5cm。

(2) $\pi \times 5^2 + \pi \times 5 \times 15 = 25\pi + 75\pi = 100\pi \ (\text{cm}^2)$

5 (1) 上の円＋下の円＋側面積 で求める。

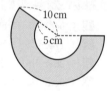

側面は右の図のような形になるので，母線 10cm，底面の半径 6cm の円錐の側面から，母線 5cm，底面の半径 3cm の円錐の側面をひけばよい。

$$\pi \times 3^2 + \pi \times 6^2 + (\pi \times 6 \times 10 - \pi \times 3 \times 5)$$
$$= 9\pi + 36\pi + 45\pi = 90\pi \ (\text{cm}^2)$$

(2) 点線の部分をふくめた大きい円錐から，点線の部分の小さい円錐をひいて求める。

$$\frac{1}{3} \times \pi \times 6^2 \times (4+4) - \frac{1}{3} \times \pi \times 3^2 \times 4 = 96\pi - 12\pi$$
$$= 84\pi \ (\text{cm}^3)$$

6 もとの直方体の体積は，$6 \times 4 \times 3 = 72 \ (\text{cm}^3)$

よって，三角錐 B-PFC の体積は，$72 \times \frac{1}{8} = 9 \ (\text{cm}^3)$

$$\frac{1}{3} \times \left(\frac{1}{2} \times BP \times 3\right) \times 4 = 9 \quad BP = \frac{9}{2} \ (\text{cm})$$

7 (1) 円錐と半球を合わせた立体なので，

$$\frac{1}{3} \times \pi \times 3^2 \times 4 + \frac{4}{3}\pi \times 3^3 \times \frac{1}{2} = 12\pi + 18\pi = 30\pi \ (\text{cm}^3)$$

(2) 円錐の側面積と半球の曲面部分の面積をたせばよい。

$$\pi \times 3 \times 5 + 4\pi \times 3^2 \times \frac{1}{2} = 15\pi + 18\pi = 33\pi \ (\text{cm}^2)$$

22 立体の切断

Step A **解答**　　本冊▶p.96～p.97

1 (1) 正三角形　(2) 二等辺三角形
(3) 長方形　(4) 台形（等脚台形）

2 (1) 円　(2) 二等辺三角形

3

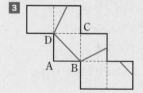

4 円

5 (1) 144cm³　(2) 20 π cm³

6 72cm³

7 表面積…60 π cm²，体積…48 π cm³

解き方

1 p.97 の「チェックポイント」のように考える。切り口はそれぞれ次の図のようになる。

(1) 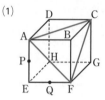 (2)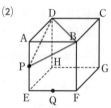

(3) 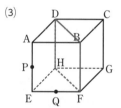 (4)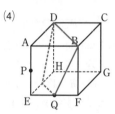

3 辺 FG の中点を P，辺 GH の中点を Q とする。切り口は下の左の図のようになる。また，展開図に頂点と切り口の辺をかくと，下の右の図のようになる。

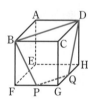 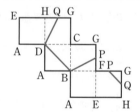

5 (1)立体と同じものを重ねると，直方体になる。

$$6 \times 6 \times (5+3) \times \frac{1}{2} = 144 \ (\text{cm}^3)$$

> 🛡 **ここに注意**　直方体を切断してできる立体は，同じ立体を重ねると，もとの直方体になる。このとき，下の図のようになるので，もとの直方体の高さは，$a+b$ (cm) で求めることができる。
>
>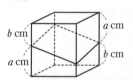

(2) $\pi \times 2^2 \times (4+6) \times \frac{1}{2} = 20\pi \ (\text{cm}^3)$

6 切り口は右の図のように
なる。

小さいほうの立体は三角
柱になるので，体積は，

$\frac{1}{2} \times 6 \times 4 \times 6 = 72$ (cm³)

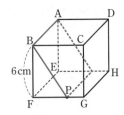

7 表面積は，半円の面積２つ分と球の表面積の一部の
和で求める。

$\pi \times 6^2 \times \frac{1}{2} \times 2 + 4\pi \times 6^2 \times \frac{60}{360} = 36\pi + 24\pi = 60\pi$ (cm²)

体積は，$\frac{4}{3}\pi \times 6^3 \times \frac{60}{360} = 48\pi$ (cm³)

Step B 解答 本冊▶p.98〜p.99

1 (1) 長方形　(2) 正方形
　(3) 二等辺三角形　(4) 五角形

2 (1) 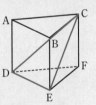　二等辺三角形

　(2) 四角錐，三角錐

　(3)

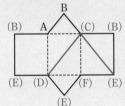

3 (1) 36cm³　(2) 108cm²

4 (1) $\frac{512}{3}$ cm³　(2) 7cm　(3) 88cm³

5 $\frac{5}{18}$ 倍

解き方

1 切り口は次の図のようになる。

(1) 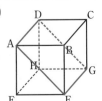　(2)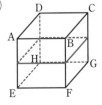

---

(3) 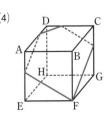　(4)

❗ ここに注意　(4) は延長して交わる点
を利用して求めることができる。

① 下の図のように，PQ，AB，BC を延長し
て交わる点を I, J とする。

② IF と AE の交点を R，JF と CG の交点を
S とし，5 点 F，R，P，Q，S を結ぶ。

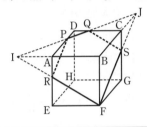

3 (1) 切り口は右の図のようにな
るので，点 A をふくむ立体
は三角錐である。

$\frac{1}{3} \times \left(\frac{1}{2} \times 6 \times 6 \right) \times 6$

$= 36$ (cm³)

(2) 点 A をふくむ立体の表面積は，

$\frac{1}{2} \times 6 \times 6 \times 3 +$ 切り口の面積

$= 54 +$ 切り口の面積 (cm²)

点 A をふくまない立体の表面積は，

$6 \times 6 \times 6 - 54 +$ 切り口の面積

$= 162 +$ 切り口の面積 (cm²)

よって，表面積の差は，

(162 + 切り口の面積) − (54 + 切り口の面積)

$= 162 - 54 = 108$ (cm²)

4 (1) 切り口は下の図のようになる。

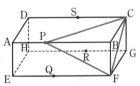

直方体から頂点 B をふくむ三角錐をひいて求める。

$4 \times 4 \times 12 - \frac{1}{3} \times \left(\frac{1}{2} \times 4 \times 4 \right) \times (12 - 4) = 192 - \frac{64}{3}$

$= \frac{512}{3}$ (cm³)

(2) 切り口は下の図のようになる。

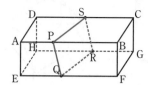

AP＋HR＝DS＋EQ となるので，
4＋HR＝6＋5　HR＝7(cm)

(3) $4×4×(6＋5)×\dfrac{1}{2}＝88$ (cm³)

別解 角柱を切断した図形の体積は，
もとの角柱の底面積×高さの平均　で求めること
ができる。$4×4×(4＋6＋5＋7)÷4＝88$ (cm³)

5 頂点 B をふくむ立体の体積は，
$△ABC×(0＋3＋2)÷3＝△ABC×\dfrac{5}{3}$ (cm³)

もとの三角柱の体積は，$△ABC×6$ (cm³)
2 つの立体の体積比は，
$△ABC×\dfrac{5}{3}：△ABC×6＝\dfrac{5}{3}：6＝5：18$ より，

頂点 B をふくむ立体の体積はもとの三角柱の $\dfrac{5}{18}$ 倍
になる。

 Step **C**-① 解答　　　本冊▶p.100～p.101

1 (1) 9cm³　(2) 36cm²　(3) 63cm²
2 (1) 台形　(2) 三角形　(3) 台形(四角形)
3 頂点…20，辺…30
4

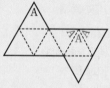

5 40 π cm²
6 (1) ア　(2) 10cm³

解き方

1 (1) 切り口は右の図のようにな
る。点 E をふくむ立体は三
角錐(さんかくすい)なので，
$\dfrac{1}{3}×\left(\dfrac{1}{2}×3×3\right)×6＝9$ (cm³)

(2) (1)の立体の展開図は右の図
のようになる。
よって，表面積は正方形の
面積と等しいので，
$6×6＝36$ (cm²)

⚠ ここに注意　　下の図のように，三角
錐の底面($△BCD$) が直角二等辺三角形で，
$BC＝CD＝\dfrac{1}{2}AC$ となるとき，三角錐の展
開図は正方形になる。

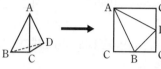

(3) 切り口は図のようになる。
点 E をふくむ立体の表面積は，

$\dfrac{1}{2}×3×3＋\dfrac{1}{2}×6×6$
$＋\dfrac{1}{2}×(3＋6)×6×2＋$切り
□の面積
＝76.5 ＋切り口の図形 (cm²)
点 E をふくまない立体の面積は，
$6×6×6－76.5＋$切り口の面積
＝139.5 ＋切り口の面積 (cm²)
よって，表面積の差は，
(139.5 ＋切り口の面積) － (76.5 ＋切り口の面積)
$＝139.5－76.5＝63$ (cm²)

2 見取図は，次のようになる。

(1)　　　　　　　　　(2)

(3)

3 図は，正十二面体の展開図である。
1 つの面には 5 つの頂点があり，1 つの頂点を 3 つ
の面で共有するから，頂点の数は，
$5×12÷3＝60÷3＝20$ (個)
また，1 つの面には 5 つの辺があり，1 つの辺を 2
つの面で共有するから，辺の数は，
$5×12÷2＝60÷2＝30$ (本)

4 右の図のように，A のマ
ークがある頂点 X が重な
る点 Y を見つける。

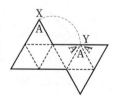

5 円錐 A，B の底面の円周の和が図 2 の円の円周になるので，$2\pi \times 5 + 2\pi \times 3 = 16\pi$（cm）

円錐 A，B の母線の長さ（図 2 の円の半径）を x cm とすると，$2\pi \times x = 16\pi$　$x=8$

よって，円錐 A の側面積は，

$\pi \times 8 \times 5 = 40\pi$（cm²）

6 (1) EH∥AD，EH∥PQ，DA⊥AP，DA⊥DQ，AD＝AP＝5cm だから，四角形 APQD は正方形。

(2) (1)の状態を，△AEP を底面とした三角柱として考えると，水の体積は $\dfrac{1}{2} \times 4 \times 3 \times 5 = 30$（cm³）

(2)の状態を，△AEF を底面とした三角錐として考えると，水の体積は $\dfrac{1}{3} \times \left(\dfrac{1}{2} \times 4 \times 6\right) \times 5 = 20$（cm³）

よって，流れ出た水の体積は，

$30 - 20 = 10$（cm³）

Step C-② 解答　本冊 ▶ p.102〜p.103

1 $\dfrac{5}{3}$ cm

2 ウ

3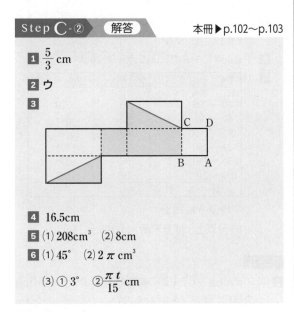

4 16.5cm

5 (1) 208cm³　(2) 8cm

6 (1) 45°　(2) 2π cm³

　　(3) ① 3°　② $\dfrac{\pi t}{15}$ cm

解き方

1 △CEF を底面とした三角錐の体積は，

$CE = CF = \dfrac{5}{2}$ cm より，

$\dfrac{1}{3} \times \dfrac{1}{2} \times \dfrac{5}{2} \times \dfrac{5}{2} \times 5 = \dfrac{125}{24}$（cm³）

△AEF の面積は，

$5 \times 5 - \left(\dfrac{1}{2} \times \dfrac{5}{2} \times \dfrac{5}{2} + \dfrac{1}{2} \times \dfrac{5}{2} \times 5 \times 2\right) = 25 - \dfrac{125}{8}$

$= \dfrac{75}{8}$（cm²）

△AEF を底面としたときの高さを h cm とすると，

$\dfrac{1}{3} \times \dfrac{75}{8} \times h = \dfrac{125}{24}$　$75h = 125$　$h = \dfrac{5}{3}$

よって，高さは $\dfrac{5}{3}$ cm。

2 図の正四角錐を 4 つの太線で切り開くと，底面の正方形のとなりあう 2 辺（辺 BC と辺 CD）が側面の正三角形とつながっていて，また側面の正三角形は，2 枚ずつつながっている。このような展開図は，**ウ** である。

3 右の図のように，重なる頂点を見つけ，A 〜 H を入れて考える。

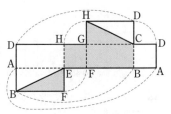

4 鉄球の体積は，$\dfrac{4}{3}\pi \times 6^3 = 288\pi$（cm³）

円柱の底面積は，$\pi \times 8^2 = 64\pi$（cm²）となるので，鉄球を入れたことにより，$288\pi \div 64\pi = 4.5$（cm）水面が上がった。

よって，鉄球を沈めた後の水面は，

$12 + 4.5 = 16.5$（cm）

5 (1) 右の図のように分けて求める。

$4 \times 6 \times 2 \times 2 + 4 \times 3 \times 3 \times 2 +$

$4 \times 5 \times 2 = 96 + 72 + 40$

$= 208$（cm³）

(2) 水が入っていない部分の体積は，

$4 \times (2 + 3 + 2 + 3 + 2) \times (6 - 4.5) = 72$（cm³）

(1)の分けた立体で上から体積を考えると，

1 番目が $4 \times 6 \times 2 = 48$（cm³）

1 番目と 2 番目を合わせると，

$48 + 4 \times 3 \times 3 = 84$（cm³）

よって，2 番目の途中に水面があるので，

$(72 - 48) \div (4 \times 3) = 2$（cm）のところまで水が入っていない。上から $2 + 2 = 4$（cm）まで水が入っていないので，水の深さは $12 - 4 = 8$（cm）

6 (1) $360° \div 8 = 45°$

(2) 直角三角形 OCP を回転させてできる立体は，円錐の $\dfrac{1}{8}$ になるので，

$\dfrac{1}{3} \times \pi \times 4^2 \times 3 \times \dfrac{1}{8} = \dfrac{1}{3} \times \pi \times 16 \times 3 \times \dfrac{1}{8} = 2\pi$（cm³）

(3) ① ∠AOB＝45° を進むのに 15 秒かかるので，

$45° \div 15 = 3°$

② t 秒後の中心角は $3t°$ になるので，

$2\pi \times 4 \times \dfrac{3t}{360} = \dfrac{\pi t}{15}$（cm）

23 データの整理

Step A 解答　　　　本冊▶p.104〜p.105

1 (1) 14 人　(2) 45kg 以上 50kg 未満　(3) 5kg

(4)
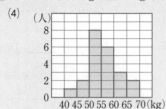

2 (1) ア…8，イ…10，ウ…38

(2) 相対度数

(上から) 0.125，0.200，0.375，0.250，0.050

累積相対度数

(上から) 0.125，0.325，0.700，0.950，1.000

(3) 5%

3

階級(kg) 以上　未満	階級値(kg)	度数(人)	(階級値)×(度数)
40 〜 45	42.5	5	212.5
45 〜 50	47.5	8	380.0
50 〜 55	52.5	16	840.0
55 〜 60	57.5	14	805.0
60 〜 65	62.5	7	437.5
計		50	2675.0

平均値…53.5kg

4 (1) 7 点　(2) 6 点

5 (1) 14m　(2) 12m

解き方

2 (1) 累積度数は最初の階級からその階級までの度数を
合計したものであることに注目する。

5 ＋ ア ＝ 13　ア ＝ 8

ウ ＋ 2 ＝ 40　ウ ＝ 38

28 ＋ イ ＝ ウ　28 ＋ イ ＝ 38　イ ＝ 10

(2) 145cm 以上 150cm 未満 の 階級 の 相対度数 は，

5÷40＝0.125

他の階級も同じように求める。

累積相対度数は累積度数と同じように，最初の
階級からその階級までの相対度数を合計して求
める。

❗ ここに注意

相対度数 ＝ その階級の度数 ÷ 度数の合計

(3) 165cm 以上 170cm 未満 の 階級 の 相対度数 は
0.05，割合の 0.01 は 1% にあたるので，0.05＝5%

3 体重の平均値は，2675÷50＝53.5(kg)

4 (1) 生徒の人数は，2＋2＋8＋6＋4＋2＋1＝25(人)

中央値は 13 番目の生徒の得点なので，7 点。

(2) 6 点の 8 人が最も多いので，最頻値は 6 点。

5 (1) 木の本数は，

2＋5＋12＋30＋9＋20＋12＋10＝100(本)

よって，50 番目と 51 番目が属する 13 〜 15m の
階級の階級値が中央値になるので，14m

(2) 11 〜 13m の階級が最も木の本数が多いので，最
頻値は 12m。

Step B 解答　　　　本冊▶p.106〜p.107

1 (1) 度数…(上から) 4，6，14，12，4

累積度数…(上から) 4，10，24，36，40

(2) 10 人　(3) 85 点　(4) 40%

(5) 11 番目から 24 番目

2 ア…6，イ…16，ウ…6，エ…50，オ…0.32，

カ…0.12，キ…0.88

3 (1) 6.3 点　(2) 6 点　(3) 5 点　(4) 10 人

4 (1)

階級(分) 以上　未満	度数(人)	階級値(分)	(階級値)×(度数)
30 〜 60	6	45	270
60 〜 90	9	75	675
90 〜 120	19	105	1995
120 〜 150	3	135	405
150 〜 180	2	165	330
180 〜 210	1	195	195
計	40		3870

平均値…96.75 分

(2) 90 分以上 120 分未満　(3) 105 分

解き方

1 (2) 50 点以上 60 点未満の階級と 60 点以上 70 点未満
の階級の度数の和になるので，

4＋6＝10(人)

(3) 点数が高いほうから 15 番目の人は 80 点以上 90
点未満の階級に属しているので，階級値は 85 点。

(4) 80 点以上の人の人数は，12＋4＝16(人)

クラス全体の人数は 40 人だから，

16÷40＝0.4＝40%

(5) 72 点の人は 70 点以上 80 点未満の階級に属する。
この階級で最も点数が低い人は 11 番目，最も点
数が高い人は 24 番目になるので，11 番目から
24 番目の範囲にいる。

2 155cm 以上 160cm 未満の階級から度数の合計を求
めると，10÷0.2＝50(人) …エ

これをもとにそれぞれの数値を求める。

$50 \times 0.12 = 6 \cdots$ ア

$0.64 - 0.32 = 0.32 \cdots$ オ

$50 \times 0.32 = 16 \cdots$ イ

$0.64 + 0.24 = 0.88 \cdots$ キ

$1 - 0.88 = 0.12 \cdots$ カ

$50 \times 0.12 = 6 \cdots$ ウ

別解 165cm 以上 170cm 未満の階級は，度数が 12 で相対度数が 0.24 であり，150cm 以上 155cm 未満の階級は相対度数がその $\frac{1}{2}$ なので，度数は

$12 \div 2 = 6 \cdots$ ア

また，170cm 以上 175cm 未満の階級の相対度数は 0.12 で，150cm 以上 155cm 未満の階級の相対度数と等しいことから $6 \cdots$ ウ

3 (1) 合計の点数は，

$2 \times 2 + 3 \times 1 + 5 \times 5 + 7 \times 2 + 8 \times 3 + 10 \times 3 = 100$（点）

よって平均点は，$100 \div 16 = 6.25 \rightarrow 6.3$（点）

(2) 上から 8 番目の人は 7 点，9 番目の人は 5 点なので，

$(7 + 5) \div 2 = 6$（点）

> **⚠ ここに注意** 中央値を求めるとき，データの総数が偶数の場合は，中央にある 2 つの値の平均を中央値とする。

(3) 最も多い人数は 5 点の 5 人なので，5 点。

(4) 得点が 5 点の階級は，2 点と 3 点の 2 問が正解の人と，5 点の 1 問が正解の人がいる。

2 つ以上の問題が正解であった合計が 11 人なので，2 点と 3 点の 2 問が正解の人は，

$11 - (2 + 3 + 3) = 3$（人）

よって，5 点の 1 問が正解の人は，$5 - 3 = 2$（人）

5 点の問題が正解であった者は，5 点の 2 人と，7 点，8 点，10 点の人なので，$2 + 2 + 3 + 3 = 10$（人）

4 (1) 平均値は，$3870 \div 40 = 96.75$（分）

(2) 20 番目と 21 番目の人が属する階級は 90 分以上 120 分未満の階級。

(3) 最も人数が多い階級は，90 分以上 120 分未満の階級なので，最頻値は 105 分。

Step C 解答　本冊 ▶ p.108～p.109

1 (1) 29 点　(2) 2 人　(3) ア…5, イ…210　(4) 9 人

2 (1) ① 2　② 3　(2) 3 人

3 62

4 (1) 男子の得点の平均値…71 点

中央値が属する階級の階級値…75 点

(2) A…1, B…6, C…5

解き方

1 (1) $870 \div 30 = 29$（点）

(2) 20 点の階級の人数なので 2 人。

(3) $75 \div 15 = 5 \cdots$ ア

$30 \times 7 = 210 \cdots$ イ

(4) 35 点と 40 点の階級の度数の和なので，$5 + 4 = 9$（人）

2 (1) ① $295 \div 147.5 = 2$

② $20 - (2 + 4 + 5 + 3 + 2 + 1) = 3$

(2) 新入部員が入る前の平均値は，

$3220 \div 20 = 161$（cm）

よって，新入部員が入った後の平均値は，

$161 + 1.5 = 162.5$（cm）

新入部員の人数を x 人とすると，

$162.5 \times (20 + x) = 3220 + 172.5 \times x$

$3250 + 162.5x = 3220 + 172.5x \quad -10x = -30$

$x = 3$

3 正しい 6 日間の度数の合計は，$65.5 \times 6 = 393$（人）

誤っていた来客数の合計は，正しい合計より 2 人少ないか 2 人多いので，391 人か 395 人になる。

4 日目以外の度数の合計は，

$61 + 82 + 56 + 71 + 63 = 333$（人）なので，A は，

$391 - 333 = 58$（人）か $395 - 333 = 62$（人）

A が 58 人のとき，4 日目以外のどの 1 日が 2 人多くなっても中央値は 62.5 人になりえない。

A が 62 人のとき，4 日目と 6 日目以外の 1 日が 2 人少ない場合，中央値は 62.5 人になる。

よって，中央値が 62.5 人の条件にあてはまるのは，A = 62

4 まとめると下の表のようになる。

階級（点）		度数（人）	階級値（点）	（階級値）×（度数）
以上	未満			
40 ～	50	1	45	45
50 ～	60	3	55	165
60 ～	70	5	65	325
70 ～	80	6	75	450
80 ～	90	4	85	340
90 ～	100	1	95	95
合計		20		1420

(1) 平均値は，$1420 \div 20 = 71$（点）

10 番目と 11 番目が属する階級は 70 点以上 80 点未満の階級なので，その階級値は 75 点。

(2) （ア）より，女子の合計の人数は 20 人。

（エ）より，男子の最頻値は 75 点なので，女子の
最頻値は 65 点。よって，B の人数は 6 人。

（オ）より，A の人数は，20－（3＋6＋10）＝1（人）

（カ）より，女子の平均値は，71＋1＝72（点）

よって，女子の合計点は 72×20＝1440（点）とな
るので，以下の等式が成り立つ。

$45×1＋55×3＋65×6＋75×3＋85×C＋95×(10－3－C)$
$＝1440$

$1490－10C＝1440$　　$C＝5$

総合実力テスト

解答　　　　　　　　　　　本冊▶p.110～p.112

1 (1) 13　(2) $\dfrac{16}{3}$　(3) $\dfrac{11}{30}$　(4) 5

2 (1) $\dfrac{7x－2}{6}$　(2) 2

3 (1) $x＝9$　(2) $x＝－5$

4 (1) 4　(2) $a＝－14$

5 (1) 36cm
　　(2) $(8n－4)$ cm

6 $a＝－4$，$b＝－2$

7 (1) $a＝6$　(2) 16

8

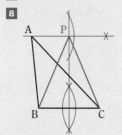

9 半径…2cm，表面積…16π cm²

10 24π cm³

11 (1) 162cm³　　　　(2)

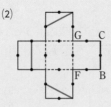

12 $10≦a≦16$

解き方

1 (1) $(－3)^2－(－3)×2^2－2^3＝9－(－3)×4－8$
$＝9＋12－8＝13$

(2) $\dfrac{5}{6}－(－2)^3÷\left(－\dfrac{4}{3}\right)^2＝\dfrac{5}{6}－(－8)÷\dfrac{16}{9}＝\dfrac{5}{6}＋\dfrac{9}{2}＝\dfrac{32}{6}$
$＝\dfrac{16}{3}$

(3) $\left(1＋\dfrac{1}{10}\right)\left(\dfrac{1}{2}＋\dfrac{1}{3}＋\dfrac{1}{4}\right)－(1＋0.1)(0.5＋0.25)$
$＝\dfrac{11}{10}×\dfrac{13}{12}－1.1×0.75＝\dfrac{11}{10}×\dfrac{13}{12}－\dfrac{11}{10}×\dfrac{3}{4}$
$＝\dfrac{11}{10}×\left(\dfrac{13}{12}－\dfrac{3}{4}\right)$
$＝\dfrac{11}{10}×\dfrac{1}{3}＝\dfrac{11}{30}$

(4) $\left\{－2^2－(－3)^3×\left(－\dfrac{1}{3}\right)^2\right\}－4÷\left(－\dfrac{2}{3}\right)$
$＝\left\{－4－(－27)×\dfrac{1}{9}\right\}＋6＝(－4＋3)＋6＝－1＋6＝5$

2 (1) $\dfrac{x}{2}＋\dfrac{2x－1}{3}＝\dfrac{3x＋2(2x－1)}{6}＝\dfrac{3x＋4x－2}{6}$
$＝\dfrac{7x－2}{6}$

(2) $\dfrac{x＋1}{2}－\dfrac{x－2}{3}－\dfrac{x－5}{6}＝\dfrac{3(x＋1)－2(x－2)－(x－5)}{6}$
$＝\dfrac{3x＋3－2x＋4－x＋5}{6}＝\dfrac{12}{6}＝2$

3 (1) $\dfrac{5x＋1}{4}－\dfrac{2x＋1}{2}＝2$　　$5x＋1－2(2x＋1)＝8$
$5x＋1－4x－2＝8$　　$x－1＝8$　　$x＝9$

(2) $\dfrac{2x＋1}{3}－\dfrac{x－3}{2}＝1$　　$2(2x＋1)－3(x－3)＝6$
$4x＋2－3x＋9＝6$　　$x＋11＝6$　　$x＝－5$

4 (1) $3(2a－1)－(a－5)＝6a－3－a＋5＝5a＋2$
この式に，$a＝\dfrac{2}{5}$ を代入する。
$5×\dfrac{2}{5}＋2＝4$

(2) $\dfrac{x－a}{2}＋\dfrac{x＋2a}{3}＝1$　　$3(x－a)＋2(x＋2a)＝6$
この式に $x＝4$ を代入すると，
$3(4－a)＋2(4＋2a)＝6$
$12－3a＋8＋4a＝6$　　$a＝－14$

5 それぞれのいちばん外側の周の長さは，1 列に最も
多く並んだ板の個数の 4 倍である。また，1 列に最
も多く並んだ板の個数は，次の表のように奇数の列
になっている。

1番目	2番目	3番目	4番目
1	3	5	7

(1) 5 番目の奇数は，$5×2－1＝9$
よって，いちばん外側の周の長さは，$9×4＝36$（cm）

(2) n 番目の奇数は，$2n－1$
よって，いちばん外側の周の長さは，
$(2n－1)×4＝8n－4$（cm）

6 反比例の式の比例定数は，$4×(－3)＝－12$ となる
ので，式は $y＝－\dfrac{12}{x}$

$x=3$ のとき $y=-4$, $x=6$ のとき $y=-2$ なので, y の変域は $-4 \leqq y \leqq -2$

よって, $a=-4$, $b=-2$

7 (1) $y=\dfrac{a}{x}$ は $(6,\ 1)$ を通るので, $a=6 \times 1=6$

(2) B の x 座標は -2 なので,

$y=\dfrac{6}{-2}=-3$

C の y 座標は 3 なので,

$3=\dfrac{6}{x}$　$x=2$

右の図のように長方形
から周りの三角形をひ
けばよい。

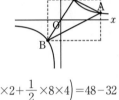

$6 \times 8-\left(\dfrac{1}{2} \times 6 \times 4+\dfrac{1}{2} \times 4 \times 2+\dfrac{1}{2} \times 8 \times 4\right)=48-32$

$=16$

8 二等辺三角形 PBC の頂点 P は, 底辺 BC の垂直二等分線上にある。

面積を等しくするため, 高さを等しくすればよいから, A から BC の垂直二等分線に垂線をひき, その交点を P とすれば, AP∥BC になる。

9 底面の半径を $r$cm とすると,

$2\pi \times r=2\pi \times 6 \times \dfrac{120}{360}$　$r=2$

よって, 底面の半径は 2cm。

表面積は, $\pi \times 2 \times 6+\pi \times 2^2=12\pi+4\pi=16\pi\,(\text{cm}^2)$

10 円錐と円柱を重ねた立体になるので,

$\dfrac{1}{3} \times \pi \times 2^2 \times 3+\pi \times 2^2 \times 5=4\pi+20\pi=24\pi\,(\text{cm}^3)$

11 (1) こぼれた水は, △APB を底面とする三角柱の形の部分である。

よって, こぼれた水の体積は, $\dfrac{1}{2} \times 3 \times 6 \times 6=54\,(\text{cm}^3)$

残った水の体積は, $6 \times 6 \times 6-54=162\,(\text{cm}^3)$

12 表のいちばん少ない日数は 4 日, いちばん多い日数は 16 日, 日数の範囲が 12 日なので, $4 \leqq a \leqq 16$

a を除いた日数を小さい順に並べると,

4, 6, 7, 7, 7, 7, 10, 10, 13, 15, 16

a が前から 6 番目までに入るとき, つまり $4 \leqq a \leqq 7$ で中央値は 7 となり, 条件を満たさない。

a が前から 7 番目に入るとき, つまり $7 \leqq a \leqq 10$ で中央値は $(7+a) \div 2$ となる。これが 8.5 になるので, $(7+a) \div 2 = 8.5$ より, $a=10$ のとき条件を満たす。

a が前から 8 番目以降に入るとき, つまり $10 \leqq a \leqq 16$ で中央値は $(7+10) \div 2 = 8.5$ となり, 条件を満たす。

よって, $10 \leqq a \leqq 16$